21世纪高等学校规划教材 | 软件工程

UML软件建模技术
——基于IBM RSA工具

高科华 李娜 主编

吴银婷 李观金 刘小郧 副主编

U0230054

清华大学出版社

北京

内 容 简 介

本书是一本软件建模技术方面的实用教程，按照软件开发过程，以软件开发者的视野，利用著名的
IBM Rational Software Architect 软件建模工具，带领读者学习 UML 软件建模技术。全新的学习方式使得
复杂的知识不再难学习。主要内容包括：为什么需要 UML 建模、UML 建模工具、UML 与面向对象开发
方法、软件开发各阶段中的 UML 图、RSA 对系统实现阶段的支持、RSA 数据库建模、综合实训等。

本书的最大特点是将理论与实际操作有机结合起来，实训任务丰富、图文并茂、深入浅出、讲解详尽、
实践性强。可以作为大专院校计算机软件工程、软件技术、计算机应用技术、计算机信息管理、软件与信息
服务等相关专业的教材；也可作为广大软件行业从业人员（程序员、系统设计师、系统分析员、系统架构师、
需求分析师、软件开发经理等）进行 UML 建模实践的指南。

图书在版编目（CIP）数据

UML 软件建模技术：基于 IBM RSA 工具/高科华，李娜主编. —北京：清华大学出版社，2017(2018.1 重印)
(21 世纪高等学校规划教材·软件工程)
ISBN 978-7-302-45446-5

Ⅰ. ①U…　Ⅱ. ①高…　②李…　Ⅲ. ①面向对象语言－程序设计　Ⅳ. ①TP312

中国版本图书馆 CIP 数据核字(2016)第 274716 号

责任编辑：黄　芝　薛　阳
封面设计：傅瑞学
责任校对：李建庄
责任印制：宋　林

出版发行：清华大学出版社
　　　　网　　　址：http://www.tup.com.cn，http://www.wqbook.com
　　　　地　　　址：北京清华大学学研大厦 A 座　　　　　　邮　　　编：100084
　　　　社　总　机：010-62770175　　　　　　　　　　　　邮　　　购：010-62786544
　　　　投稿与读者服务：010-62776969，c-service@tup.tsinghua.edu.cn
　　　　质量反馈：010-62772015，zhiliang@tup.tsinghua.edu.cn
　　　　课件下载：http://www.tup.com.cn，010-62795954
印　装　者：清华大学印刷厂
经　　　销：全国新华书店
开　　　本：185mm×260mm　　　　印　张：16.5　　　　字　　　数：402 千字
版　　　次：2017 年 3 月第 1 版　　　　　　　　　　　　印　　　次：2018 年 1 月第 2 次印刷
印　　　数：2001～3000
定　　　价：39.00 元

产品编号：070900-01

出 版 说 明

　　随着我国改革开放的进一步深化,高等教育也得到了快速发展,各地高校紧密结合地方经济建设发展需要,科学运用市场调节机制,加大了使用信息科学等现代科学技术提升、改造传统学科专业的投入力度,通过教育改革合理调整和配置了教育资源,优化了传统学科专业,积极为地方经济建设输送人才,为我国经济社会的快速、健康和可持续发展以及高等教育自身的改革发展做出了巨大贡献。但是,高等教育质量还需要进一步提高以适应经济社会发展的需要,不少高校的专业设置和结构不尽合理,教师队伍整体素质亟待提高,人才培养模式、教学内容和方法需要进一步转变,学生的实践能力和创新精神亟待加强。

　　教育部一直十分重视高等教育质量工作。2007 年 1 月,教育部下发了《关于实施高等学校本科教学质量与教学改革工程的意见》,计划实施“高等学校本科教学质量与教学改革工程(简称‘质量工程’)”,通过专业结构调整、课程教材建设、实践教学改革、教学团队建设等多项内容,进一步深化高等学校教学改革,提高人才培养的能力和水平,更好地满足经济社会发展对高素质人才的需要。在贯彻和落实教育部“质量工程”的过程中,各地高校发挥师资力量强、办学经验丰富、教学资源充裕等优势,对其特色专业及特色课程(群)加以规划、整理和总结,更新教学内容、改革课程体系,建设了一大批内容新、体系新、方法新、手段新的特色课程。在此基础上,经教育部相关教学指导委员会专家的指导和建议,清华大学出版社在多个领域精选各高校的特色课程,分别规划出版系列教材,以配合“质量工程”的实施,满足各高校教学质量和教学改革的需要。

　　为了深入贯彻落实教育部《关于加强高等学校本科教学工作,提高教学质量的若干意见》精神,紧密配合教育部已经启动的“高等学校教学质量与教学改革工程精品课程建设工作”,在有关专家、教授的倡议和有关部门的大力支持下,我们组织并成立了“清华大学出版社教材编审委员会”(以下简称“编委会”),旨在配合教育部制定精品课程教材的出版规划,讨论并实施精品课程教材的编写与出版工作。“编委会”成员皆来自全国各类高等学校教学与科研第一线的骨干教师,其中许多教师为各校相关院、系主管教学的院长或系主任。

　　按照教育部的要求,“编委会”一致认为,精品课程的建设工作从开始就要坚持高标准、严要求,处于一个比较高的起点上;精品课程教材应该能够反映各高校教学改革与课程建设的需要,要有特色风格、有创新性(新体系、新内容、新手段、新思路,教材的内容体系有较高的科学创新、技术创新和理念创新的含量)、先进性(对原有的学科体系有实质性的改革和发展,顺应并符合 21 世纪教学发展的规律,代表并引领课程发展的趋势和方向)、示范性(教材所体现的课程体系具有较广泛的辐射性和示范性)和一定的前瞻性。教材由个人申报或各校推荐(通过所在高校的“编委会”成员推荐),经“编委会”认真评审,最后由清华大学出版社审定出版。

目前,针对计算机类和电子信息类相关专业成立了两个"编委会",即"清华大学出版社计算机教材编审委员会"和"清华大学出版社电子信息教材编审委员会"。推出的特色精品教材包括:

(1) 21世纪高等学校规划教材·计算机应用——高等学校各类专业,特别是非计算机专业的计算机应用类教材。

(2) 21世纪高等学校规划教材·计算机科学与技术——高等学校计算机相关专业的教材。

(3) 21世纪高等学校规划教材·电子信息——高等学校电子信息相关专业的教材。

(4) 21世纪高等学校规划教材·软件工程——高等学校软件工程相关专业的教材。

(5) 21世纪高等学校规划教材·信息管理与信息系统。

(6) 21世纪高等学校规划教材·财经管理与应用。

(7) 21世纪高等学校规划教材·电子商务。

(8) 21世纪高等学校规划教材·物联网。

清华大学出版社经过三十多年的努力,在教材尤其是计算机和电子信息类专业教材出版方面树立了权威品牌,为我国的高等教育事业做出了重要贡献。清华版教材形成了技术准确、内容严谨的独特风格,这种风格将延续并反映在特色精品教材的建设中。

清华大学出版社教材编审委员会

联系人:魏江江

E-mail:weijj@tup.tsinghua.edu.cn

前 言

　　软件开发从单个人的"艺术创造"到按软件工程思想组织的软件开发团队的集体制品贯穿了软件技术的发展历程,推动软件开发技术进步的思想其实很简单,就是提高开发效率、保证软件质量、按时交付软件产品。现在,虽然已经出现了很多软件开发方法,从结构化方法到面向对象技术,……等等,但是,软件开发技术进步的脚步并没有停止。由于软件技术不断进步,知识更新的速度是很快的。例如,从著名的 Rational Rose 支持 UML 1.4 到 IBM Rational Software Architect 支持 UML 2.0。作者在多年的教授软件建模技术课程过程中发现,现有的教材大多数还是使用 UML 1.4 和 Rational Rose,甚至关于 IBM Rational Software Architect 的参考书也很少。一些教材没有很好地考虑到高职院校和软件行业从业人员的实际情况,使读者被众多的 UML 图搞得云里雾里,费了很大的劲儿学完后还是不知道如何在实际的软件开发过程中应用软件建模技术。一些人对软件建模技术的作用认识不足,认为软件建模是软件设计师的工作,高职院校主要培养的是程序员。其实,UML 是所有软件行业的从业人员(程序员、系统设计师、系统分析员、系统架构师、需求分析师、软件开发经理等)的沟通工具。软件开发团队的成员有些来自其他专业,例如,需求分析师一般都是领域专家(熟悉某一业务的资深人士,例如,财务管理专家、销售管理专家、生产管理专家等)。UML 主要应用于软件系统,也可应用于其他复杂系统。在国外,也有为其他专业开设 UML 建模的课程。基于作者多年在企业带领软件开发团队、实践 UML 建模的成功经验和多年在高职院校教授软件建模技术对 UML 的深刻认识,作者感到非常有必要写一本真正适合高职院校学生的 UML 建模方面的教材,并为软件开发任务繁重的软件行业从业人员提供一种实用的 UML 建模指南的书籍。这就是作者编写这本书的目的。

本书内容

　　第 1 章　为什么需要 UML 建模,简要介绍软件工程、UML 的起源,明确学习目的。

　　第 2 章　UML 建模工具,介绍了常用的 UML 建模工具,重点介绍了 IBM Rational Software Architect 软件建模工具。

　　第 3 章　UML 与面向对象开发方法,简要介绍了面向对象开发方法及与 UML 的关系。

　　第 4 章　业务需求建模阶段的 UML 图,重点介绍了业务需求建模阶段的 UML 图的用途、绘制方法。

　　第 5 章　系统分析建模阶段的 UML 图,重点介绍了系统分析建模阶段的 UML 图的用途、绘制方法。

　　第 6 章　系统设计建模阶段的 UML 图,重点介绍了系统设计建模阶段的 UML 图的用途、绘制方法。

第 7 章　RSA 对系统实现阶段的支持,重点介绍了模型与代码转换的双向工程,简要介绍了模型驱动的软件开发方法。

第 8 章　RSA 数据库建模,重点介绍了数据库建模的用途和方法。

第 9 章　综合实训,提供了完整的综合实训案例,给出了详细的建模步骤。

本书特色

本书的主要特色如下。

(1) Rational Rose 只支持 UML 1.4,IBM 在收购了 Rational 后在 Rational Rose 的基础上开发了 IBM Rational Software Architect(RSA),RSA 支持 UML 2.0。RSA 的版本还在不断更新,使我们可以跟上技术进步的步伐。

(2) IBM Rational Software Architect 8.5.1 有中文版,使高职院校的学生感到更容易学习,不会产生畏难情绪。

(3) 通过 RSA 的操作理解 UML 概念,真正做到“理论够用,重在培养技能”。

(4) 从软件开发者的角度,按照软件开发过程讲解 UML 图,使得所学内容更实用。

(5) RSA 对软件开发全过程的支持,特别是对模型驱动开发 MDD 的支持,使我们了解软件开发方法的新进展。

(6) 通过掌握面向对象开发方法与 UML 应用,我们认识到比编程语言和开发工具更重要的是编程思想。

读者对象

大专院校计算机软件工程、软件技术、计算机应用技术、计算机信息管理、软件与信息服务等相关专业的学生;高等院校(专科、本科)相关专业有意加入软件行业的学生;软件行业从业人员(程序员、系统设计师、系统分析员、系统架构师、需求分析师、软件开发经理等)。

作者分工

刘小郎:负责第 1、2 章的编写。

李娜:负责第 3 章、第 8 章的编写。

吴银婷:负责第 4、5 章的编写。

李观金:负责第 6、7 章的编写。

高科华:负责第 9 章的编写,全书的策划,统编全稿。

致谢

感谢清华大学出版社的大力支持,才使得这本教材(国内第一本用 IBM RSA 讲解 UML 软件建模技术的高校教材)得以早日面世。感谢惠州经济职业技术学院信息工程学院院长薛晓萍教授的鼓励、指导,才使得惠州经济职业技术学院软件工程课程组勇于创新,在课程建设方面取得了初步的成绩,本书就是课程组的教研成果之一。

联系方式

广东省惠州市惠州经济职业技术学院软件工程系　高科华

QQ：527358657

Email：khgao@126.com

课程网站：http://khonline.51vip.biz

编　者

2017 年 2 月

目 录

第 1 章

为什么需要UML建模

知识目标

- 了解什么是 UML；
- 理解在软件开发中为什么需要 UML。

技能目标

- 利用网络获取 UML 标准的最新信息。

要回答"为什么需要 UML 建模"这个问题，就必须对计算机的发展历史、软件工程、什么是 UML 有所了解。

1.1 软件工程概述

计算机系统包含硬件系统和软件系统。1946 年，第一台通用电子计算机 ENIAC 在美国诞生，宣告了一个新的时代的到来。计算机技术特别是硬件技术的发展很快，晶体管计算机、集成电路计算机和超大规模集成电路计算机相继诞生。英特尔（Intel）创始人之一戈登·摩尔（Gordon Moore）提出：当价格不变时，集成电路上可容纳的元器件的数目，约每隔 18～24 个月便会增加一倍，性能也将提升一倍。换言之，每一美元所能买到的计算机性能，将每隔 18～24 个月翻一倍以上。人们将戈登·摩尔提出的这一现象称为摩尔定律，这一定律揭示了计算机硬件技术进步的速度。相对于硬件系统而言，软件系统的发展却相当滞后，已经成为计算机系统发展的瓶颈。

1.1.1 软件工程的产生

在计算机系统发展的早期（20 世纪 60 年代中期以前），通用硬件相当普遍，而软件却是为每个具体应用专门编写的。那时的"软件"通常是规模较小的程序，程序编写者和使用者往往是同一个人（或同一组人），除了程序源代码以外，没有任何程序设计的文档。

从 20 世纪 60 年代中期到 20 世纪 70 年代中期是计算机系统发展的第二个时期，这个时期的一个重要特征是出现了"软件作坊"。"软件作坊"是专门针对用户的需求编写程序，采用的仍然是早期的个体化软件开发方式。随着计算机的广泛应用，对软件的需求越来越多，软件的复杂程度越来越高，程序维护的难度越来越大，软件项目的成本得不到控制，许多软件开发项目不得不以失败而告终。这样就出现了所谓的"软件危机"。

"软件危机"是指落后的软件生产方式无法满足日益增长的计算机软件需求,从而导致软件开发和维护过程中出现的一系列严重问题的现象。

"软件危机"的主要表现如下。

(1) 对软件开发成本和进度的估计常常很不准确。

(2) 用户对"已完成的"软件系统不满意的现象经常发生。

(3) 软件产品的质量得不到保证。

(4) 软件常常是不可维护的。

(5) 软件开发生产率非常低。

产生"软件危机"的原因主要有以下几个。

(1) 用户需求不明确。

(2) 软件开发过程缺乏正确的理论指导,缺乏有力的方法学和工具方面的支持。

(3) 软件产品是一种特殊的产品。软件不同于硬件,它是计算机系统中的逻辑部件而不是物理部件。

(4) 软件规模越来越大。

(5) 软件复杂程度越来越高。

为了消除"软件危机",人们开始研究"软件"和软件开发方法。随着人们认识的深入,"程序","程序+说明书","程序+数据+文档"就是计算机发展的不同时期人们对软件的界定。1983 年,IEEE 为软件下的定义是:计算机程序、方法、规则、相关的文档资料以及在计算机上运行程序时所必需的数据。

随着人们对"软件"和软件开发方法的研究,就形成了一门新的学科——软件工程。

1.1.2　什么是软件工程

人们曾经给软件工程下过许多定义。其中,1993 年,IEEE 给出的一个定义是:软件工程是:①把系统的、规范的、可度量的途径应用于软件、运行和维护过程,也就是把工程应用于软件;②研究①中提到的途径。

概括地说,软件工程是指导计算机软件开发和维护的一门工程学科。采用工程的概念、原理、技术和方法开发与维护软件,把经过时间检验的正确的管理技术和开发方法结合起来,其目的是提高软件的开发效率,确保软件满足质量要求。

软件工程具有下述的本质特性。

(1) 软件工程关注的是大型程序的构造;

(2) 软件工程的中心课题是控制复杂性;

(3) 软件经常变化;

(4) 开发软件的效率非常重要;

(5) 和谐地合作是开发软件的关键;

(6) 软件必须有效地支持它的用户;

(7) 在软件工程领域中通常由具有一种文化背景的人替具有另一种文化背景的人创造产品。

自从 1968 年在西德召开的国际会议上正式提出并使用"软件工程"这个术语以来,研究软件工程的专家学者陆续提出了一百多条关于软件工程的准则或"信条"。著名的软件工程专家 B. W. Boehm 综合这些学者们的观点并总结了 TRW 公司多年开发软件的经验,于 1983 年在一篇论文中提出了软件工程的 7 条基本原理。

(1) 用分阶段的生命周期计划严格管理;

(2) 坚持进行阶段评审;

(3) 实行严格的产品控制;

(4) 采用现代程序设计技术;

(5) 结果应能清楚地审查;

(6) 开发小组的人员应该少而精;

(7) 承认不断改进软件工程实践的必要性。

B. W. Boehm 认为这 7 条原理是确保软件产品质量和开发效率的最小原理集合。这 7 条原理是相互独立的,其中任意 6 条原理的组合都不能代替另一条原理。这个最小原理集合是完备的,意思是之前提出的一百多条软件工程原理都可以由这 7 条原理的组合蕴含或派生。

软件工程包括技术和管理两个方面的内容。软件工程大致上是沿着这两个方向同时进行的。

软件工程发展的第一个方向是从软件开发管理的角度,希望实现软件开发过程的工程化。内容包括软件度量、项目计划、成本估算、进度控制、人员组织、配置管理。这方面最著名的成果是"瀑布式"生命周期模型。软件工程发展的第二个方向是软件开发技术,即对软件开发过程中分析、设计的方法的研究。主要内容包括软件开发方法学、软件工具和软件工程环境等。这方面的重要成果是 20 世纪 70 年代风靡一时的结构化开发方法。

1.1.3 软件生命周期

同任何事物一样,一个软件产品或软件系统也要经历孕育、诞生、成长、成熟、衰亡等阶段,一般称为软件生命周期。把整个软件生命周期划分为若干阶段,每个阶段都有明确的任务,使规模大、结构复杂和难于管理的软件开发项目变得容易控制和管理。概括地说,软件生命周期由软件定义、软件开发和运行维护三个时期组成。每个时期又可进一步划分成若干阶段。一般来说,软件生命周期包括如下阶段。

(1) 问题定义;

(2) 可行性分析;

(3) 需求分析;

(4) 总体设计;

(5) 详细设计;

(6) 编码和单元测试;

(7) 综合测试;

(8) 软件维护。

软件生命周期阶段的划分不是一成不变的,采用不同的开发模型,就会有不同的阶段划分方法。

1.1.4 软件过程

软件过程是为了获得高质量软件所需要完成的一系列任务的框架,它规定了完成各项任务的工作步骤。换句话说,软件过程描述了为了开发出满足客户需要的软件,什么人(Who)、在什么时间(When)、做什么事(What),以及如何做(How)这些事以实现某一特定的具体目标。

软件生存周期(Systems Development Life Cycle,SDLC)是软件的产生直到报废的生命周期,周期内有问题定义、可行性分析、总体描述、系统设计、编码、调试和测试、验收与运行、维护升级到废弃等阶段,这种按时间分程的思想方法是软件工程中的一种思想原则,即按部就班、逐步推进,每个阶段都要有定义、工作、审查、形成文档以供交流或备查,以提高软件的质量。"过程"指一系列活动、任务和它们之间的关系,它们共同把一组输入转换成所需要的输出。"活动"是一个过程的组成元素。"任务"是构成活动的基本元素,由若干个任务构成一项活动。

软件生存周期过程是指软件生存周期所涉及的一系列活动、任务和它们之间的关系。国际标准"ISO/IEC 12207—2008 软件生存周期过程"和国家标准"GB T 8566—2001 信息技术软件生存周期过程"是软件生存周期过程的标准化文件。软件生存周期过程也简称为软件过程。

软件过程是软件工程研究的主要内容之一。可以说,软件工程就是研究使用什么工具、采用什么方法、按照什么过程开发软件系统。随着软件工程的发展,人们提出了各种软件过程模型。

1. 瀑布模型

核心思想是阶段性的评审和验证,每一阶段结束时都要给出完整的文档。缺点是该模型缺乏灵活性,后一阶段出现的问题需要通过前一阶段的重新确认来解决,如图 1.1 所示。

图 1.1 瀑布模型

2. 螺旋模型

把软件开发过程组成为一个逐步细化的螺旋周期,每经历一个周期,系统就得到进一步的细化和完善;整个模型紧密围绕开发中的风险分析,推动软件设计向深层扩展和求精。该模型要求开发人员与用户能经常直接进行交流,通常用来指导内部发行的大型软件项目的开发,如图 1.2 所示。

图 1.2　螺旋模型

3. 增量模型

增量模型是一种渐近式的模型。第一个增量构件往往实现软件的基本需求,提供最核心的功能。优点是:能在较短的时间内,向用户提交可完成部分工作的产品,如图 1.3 所示。

图 1.3　增量模型

4. 迭代模型

迭代模型是一种渐近式的模型。迭代模型与增量模型既相似又不同。

假设现在要开发A、B、C、D 4个大的业务功能,每个功能都需要开发两周的时间。对于增量方法而言可以将4个功能分为两次增量来完成,第一个增量完成A、B功能,第二次增量完成C、D功能;而对于迭代开发来讲则是分两次迭代来开发,第一次迭代完成A、B、C、D 4个基本业务功能,但不包含复杂的业务逻辑,而第二次迭代再逐渐细化补充完整相关的业务逻辑。

在对风险的消除方面,增量和迭代模型都能够很好地控制前期的风险,但迭代模型在这方面更有优势。迭代模型可以更多地从总体方面思考系统问题,一开始就给出相对完善的框架或原型,后期的每次迭代都是针对上次迭代的逐步精化。

5. 快速原型模型

快速建立起可以在计算机上运行的程序,它所完成的功能往往是最终产品功能的一个子集。通过让用户试用,收集反馈意见,从而获取准确的需求。

这是一种很好的启发式方法,可以快速地挖掘用户需求并达成需求理解上的一致。当用户没有信息系统的使用经验或系统分析员在进行需求分析和需求挖掘经验不足时,这种方法将非常有效。

6. 喷泉模型

喷泉模型认为软件生命周期的各个阶段是相互重叠和多次反复的,就像水喷上去又可以落下来,水既可以落在中间,也可以落在最底部。

整个开发过程中都使用统一的概念“对象”进行分析,使用统一的概念和符号表示分析设计过程,各阶段间没有明显的边界,即“无缝”衔接,因此各开发步骤可以多次反复迭代,逐步深化,如图1.4所示。

图1.4　喷泉模型

7. MSF 过程模型

MSF(Microsoft Solution Framework)过程模型是微软公司提出的过程模型,吸收了瀑布模型的里程碑和螺旋模型的反复迭代的思想,将软件过程分为5个阶段,每一阶段结束时都有明确的交付成果,如图1.5所示。

8. 敏捷开发模型

敏捷即一种以人为核心,迭代、循序渐进的开发方法。在敏捷开发中,软件项目的构建被分成多个子项目,各个子项目的成果都经过测试,具备集成和可运行的特征。相比防守型

图 1.5 MSF 过程模型

的 CMMI,敏捷是攻击型的,其三个特点是社会工程、轻量级、技术实践,换句话说就是以人为本、拥抱变化、持续改进。现在最流行的两种敏捷方法是 Scrum 和极限编程(Extreme Programming,XP)。实施 Scrum 相对简单一点儿,不像 XP 必须有深入的技术实践,Scrum 的实践围绕一个迭代和增量的过程骨架展开,由三个角色、三种会议、三项工件组成。XP 把软件开发变成自我管理的挑战,追求沟通、简单、反馈、勇气、尊重,其重要过程有测试驱动开发、持续集成、重构、现场客户、简单设计等。XP 把软件开发过程重新定义为聆听、测试、编码、设计的迭代循环过程,确立了测试、编码、重构的软件开发管理思路。

9. 软件能力成熟度集成模型

软件能力成熟度集成模型(Capability Maturity Model Integration,CMMI)以系统的框架来指导组织进行过程改进,提高了企业的质量管理素质。近几年来,很多企业都纷纷通过了 CMMI 3 级或 4 级评估,使整个软件行业朝着规范化发展,但同时也暴露出一些问题,如缺少有丰富实施经验的咨询团队、服务质量不高、盲目追求证书等。外包企业大多实施 CMMI,否则就会失去很多商机。

10. 统一软件过程

RUP 即统一软件过程(Rational Unified Process),强调用例驱动,以架构为中心,划分多个模块并配对相应的用例模型,一般会在 IBM RSA、IBM Rational ClearCase(CC)、IBM Rational ClearQuest(CQ)等集成工具的辅助下进行迭代和增量开发。基于 RUP 的项目有 4 个阶段:起始、细化、构造、交付,每个阶段都会有一次或多次的迭代。RUP 属于重量级而且过于理论化,从本质上说还是在强调设计和规范,仅针对一次迭代来说与传统的瀑布模型类似,不太适合小型项目。现在很多大中型企业针对不同类型的项目把 RUP 进行适当的裁减后也取得了很好的效果,这确实是一种灵活适应的方法。

RUP 过程模型由软件生命周期(4 个阶段)和 RUP 的核心工作流构成一个二维空间。横轴表示项目的时间维,包括 4 个阶段,纵轴表示工作流(活动)。RUP 过程模型如图 1.6 所示。

图1.6   RUP过程模型

1.2   UML 概述

UML(Unified Modeling Language,统一建模语言)是一种通用的、面向对象的、可视化建模语言。学习软件开发技术一定会接触到各种语言,UML 是一种有别于其他程序设计语言的语言,它是一种软件设计语言,而程序设计语言是编程语言或实现语言。所谓软件设计语言,更多关注的是对软件产品的设计描述,而不是具体实现。软件设计是软件产品的"蓝图",根据这个"蓝图",可以选择不同的编程语言实现软件产品。

1.2.1   UML 的产生和演变

随着面向对象编程语言的兴起,20 世纪 70 年代中期出现了面向对象的建模语言。从 1989 年到 1994 年,这种设计语言的数量从不到十种猛增到五十多种。20 世纪 90 年代,一批新软件开发方法出现了,其中最引人注目的是 Booch 1993、OMT-2 和 OOSE 等。

Grady Booch 是面向对象方法最早的倡导者之一,他提出了面向对象软件工程的概念。1991 年,他将之前面向 Ada 的工作扩展到面向对象设计领域。Booch 1993 较适用于系统的设计和构造。

James Rumbaugh 等人提出了面向对象的建模技术(OMT,一种软件开发方法),该方法采用了面向对象的概念,并引入各种独立于语言的表示符,同时使用对象模型、动态模型、功能模型和用例模型共同完成对整个系统的建模。

Ivan Jacobson 于 1994 年提出了 OOSE 方法,该方法最大的特点是面向用例(Use-Case),并在用例的描述中引入了外部角色的概念。

此外,还有 Coad/Yourdon 方法,即著名的 OOA/OOD,它是最早的面向对象的分析和设计方法之一。该方法简单、易学,适合于面向对象技术的初学者使用,但由于该方法在处理能力方面的局限,目前已很少使用。

UML 的主要创始人是 James Rumbaugh、Ivar Jacobson 和 Grady Booch,他们最初都有自己的建模方法(OMT、OOSE 和 Booch),彼此之间存在着竞争。最终,他们联合起来创造了一种开放的标准。

1994 年 10 月,Grady Booch 和 James Rumbaugh 开始致力于这一工作。他们首先将 Booch 1993 和 OMT-2 统一起来,并于 1995 年 10 月发布了第一个公开版本,称之为统一方法 UM 0.8(Unitied Method)。1995 年秋,OOSE 的创始人 Jacobson 加盟到这一工作中。经过 Booch、Rumbaugh 和 Jacobson 三人的共同努力,于 1996 年 6 月和 10 月分别发布了两个新的版本,即 UML 0.9 和 UML 0.91,并将 UM 重新命名为 UML(Unified Modeling Language)。

1996 年,一些机构将 UML 作为其商业策略已日趋明显。UML 的开发者得到了来自公众的正面反应,并倡议成立了 UML 成员协会,以完善、加强和促进 UML 的定义工作。当时的成员有 DEC、HP、I-Logix、Itellicorp、IBM、ICON Computing、MCI Systemhouse、Microsoft、Oracle、Rational Software、TI 以及 Unisys。这一机构对 UML 1.0(1997 年 1 月)及 UML 1.1(1997 年 11 月)的定义和发布起到了重要的促进作用。

1997 年,OMG(Object Management Group,对象管理组织,www.omg.org)发布了统一建模语言(Unified Modeling Language,UML)。UML 的目标之一就是为开发团队提供标准通用的设计语言来开发和构建计算机软件。UML 提出了一套 IT 专业人员期待多年的统一的标准建模符号。通过使用 UML,这些人员能够阅读和交流系统架构和设计规划——就像建筑工人多年来所使用的建筑设计图一样。

2003 年,UML 已经获得了业界的认同。在国外应聘软件开发岗位的专业人员简历中,大约有 75% 都声称具备 UML 的知识。然而,面试官在同绝大多数求职人员面谈之后,可以明显地看出他们并不真正了解 UML。通常地,他们将 UML 用作一个术语,或对 UML 一知半解。大家对 UML 缺乏理解,特别是在国内,UML 的应用还任重道远。

2005 年 7 月,OMG 组织发布了 UML 2.0。2015 年 6 月,OMG 组织发布了 UML 2.5,详见 UML 官方网站(http://www.omg.org/spec/UML/)。由此可见,UML 仍在不断发展、完善中。它有两个主要版本,UML 1 和 UML 2,UML 1 指的是 UML 规范 1.1～1.5 的所有版本,UML 2 指的是 UML 规范 2.0 及更高版本。

1.2.2 UML 的定义和特点

首先,UML 融合了 Booch、OMT 和 OOSE 方法中的基本概念,而且这些基本概念与其他面向对象技术中的基本概念大多相同,因而,UML 必然成为这些方法以及其他方法的使用者乐于采用的一种简单一致的建模语言;其次,UML 不仅是上述方法的简单汇合,而且是在这些方法的基础上广泛征求意见,集众家之长,几经修改而完成的,它扩展了现有方法的应用范围;第三,UML 是标准的建模语言,而不是标准的开发过程。尽管 UML 的应用必然以系统的开发过程为背景,但对于不同的组织和不同的应用领域,需要采取不同的开发过程。

作为一种建模语言,UML 是一种标准的图形符号,它的定义包括 UML 语义和 UML 表示法两个部分。

（1）UML语义：指UML元素符号代表的含义，UML的所有元素在语法和语义上提供了简单、一致、通用的定义和说明，使开发者能在语义上取得一致，消除了因人而异的最佳表达方式所造成的影响。此外，UML还支持元素语义的扩展。

（2）UML表示法：对UML每个元素符号的表示方法进行了规范。开发者和开发工具在使用这些图形符号时都遵循相应的UML符号的表示准则。

UML的主要特点如下。

（1）统一的建模语言。UML统一了Booch、OMT和OOSE等方法中的基本概念。

（2）UML是非专利的第三代建模和规约语言。在开发阶段，UML用于说明、可视化、构建和书写面向对象软件制品。

（3）UML应用于软件开发周期中的每一个阶段。OMG已将该语言作为业界的标准。

（4）UML最适用于数据建模、业务建模、对象建模和组件建模。

（5）UML作为一种模型语言，可以使开发人员专注于建立产品的模型和结构。当模型建立之后，模型可以被UML工具转化成指定的程序语言代码。

（6）强大的表达能力。UML的可扩展机制使得UML具有强大的表达能力。

1.2.3　UML的应用领域

UML的目标是以图的方式来表示任何类型的系统，该语言应用广泛。这种语言既可以用来为软件系统建模，也可以用来对非软件领域的其他复杂系统建模。

此外，UML适用于系统开发过程中从需求规格描述到系统完成后测试的不同阶段。在需求阶段，可以用用例来捕获用户需求，通过用例建模，描述用户感兴趣的系统功能；在静态分析阶段，主要识别系统中的类及其关系，并用UML类图来描述系统；在动态分析阶段，尝试组织多个对象，并构思对象的交互和协作，以实现和检验用例的可行性，此时可以用UML动态模型来描述。

编程是一个独立的阶段，其任务是用面向对象编程语言将设计阶段的类转换成实际的代码。在用UML建立分析和设计模型时，应尽量避免考虑把模型转换成某种特定的编程语言。因为在早期阶段，模型仅仅是理解和分析系统结构的工具，过早考虑编码问题十分不利于建立简单正确的模型。

UML模型还可作为测试阶段的依据。系统通常需要经过单元测试、集成测试、系统测试和验收测试。不同的测试小组使用不同的UML图作为测试依据：单元测试使用类图和类规格说明；集成测试使用组件图和协作图；系统测试使用用例图来验证系统的行为；验收测试由用户进行，以验证系统测试的结果是否满足在分析阶段时确定的需求。

总之，UML适用于以面向对象技术来描述任何类型的系统，而且适用于系统开发的不同阶段。

1.3　UML建模

多年以来，业务分析人员、工程师、科学家，以及其他构建复杂结构或系统的专业人员已经为他们所构建的系统创建了模型。有时是物理模型，例如，飞机、房子或者汽车的按一定比例制作的实物大模型,有时候模型并不是那么明确,如商业金融模型、市场贸易模拟以及电子电路图。在所有情况下,模型作为一种抽象——即被构建的真实事物的近似代表。

模型是对现实世界中的物体或系统的简化或图形表示。例如,地球仪就是对地球的简化表示。建筑模型是对真实建筑物的简化表示。工程中的设计图纸,例如机器零件的设计图纸是对机器零件的图形表示。既然我们要用工程化的方法开发软件产品,自然就引入了软件模型的概念。UML 可以用于对任何复杂的系统建模,最主要的还是对软件系统建模。

1.3.1 为什么软件开发需要 UML 建模

建模是管理软件开发复杂性的有效手段。使用 UML 给出软件的需求规格、总体设计、概要设计、详细设计等的图形表示,有助于参加软件产品开发的各方更好地交流、沟通、讨论。

多年以来,软件开发实践置于建模话题之外。由于其本质属性,软件易于创建和变更,几乎不需要固定设备,并且实际上没有制造成本。这些属性孕育了一种 DIY(do-it-yourself)文化——每当需要时才进行构思、构建及变更。总之没有“最终”系统,那么为什么在编写代码之前还要进行构思呢?

今天,软件系统已经变得非常复杂。它们必须与其他系统进行集成,来运行日常生活中用到的对象。例如,汽车上现在大规模装备了计算机及相关软件,用来控制从引擎和定速控制到所有新的车载导航和通信系统的各个方面。软件还经常用于自动处理各种业务流程——诸如客户看见并经历过的那些业务流程和后台办公的业务流程。

一些软件支持健康有关或财产有关的重要功能,这就使得开发、测试以及维护必定很复杂。甚至那些对健康或者财产不是特别关键的系统对于业务来说却非常关键。在许多组织中,软件开发已经不再是居于成本中心的孤立事物,而是成为公司战略性业务流程的一个整体部分。对这些公司来说,软件已经成为市场竞争中的一个关键因素。

由于很多方面的原因,开发者需要更好地理解他们正在构建什么,建模为此提供了有效的方法。同时,建模一定不要影响开发速度。客户和业务用户始终希望软件能够按时交付以及能够像所期望的那样具有随需应变的功效。

其他复杂的高风险系统建模的相同理由同样适用于软件——管理复杂性并理解设计和相关的风险。尤其是通过软件建模,开发人员能够:

(1)在提交额外的资源之前创建并交流软件设计。

(2)从设计追溯到需求阶段,有助于确保构建正确的系统。

(3)进行迭代开发,在开发中,模型和其他的更高层次的抽象推动了快速而频繁的变更。

1.3.2 为什么一些开发人员不选择 UML 建模

尽管建模有许多原因和优点,但是仍然有很大一部分软件开发人员不在源代码更高的层次上进行任何形式的抽象。这是为什么呢?正如前面描述的那样,有时候问题或者解决方案的实际复杂度无须建模。再一次重申,如果准备建造一间犬舍,根本就不需要雇佣一个建筑师或者聘请一位建造者来做一系列的设计规格说明。但是在软件世界中,系统经常是开始时简单并且易于理解,在通过一系列成功实施的自然演进后,就变得越来越复杂。在其他情况中,开发人员不采用建模的简单理由是没有认识到建模的需要,直到很迟的时候才察觉到建模的必要。

许多人争论,软件建模的阻力更多的是来自文化上的因素而不是其他的。传统的程序员对于通常的编写代码的技术非常擅长,甚至遭遇到不希望的复杂情况的时候,大多数开发人员仍然坚持使用他们的集成开发环境(IDE)和调试工具,以及在问题上花费更多的时间。因为建模需要额外的培训和工具,并且相应地需要额外的时间、财力和工作量上的投资——不是正式开发工作的时间,而是在项目开发生命周期早期的时间。传统开发人员在这方面不超前的原因在于,他们认为建模将减慢他们的速度。

1.3.3　何时进行 UML 建模

为复杂的应用程序建模有几项一般获益。在某些特定情况下,建模工作是值得的,这包括:

(1) 为了更好地理解手头上的业务情况或工程情况(as-is 模型)并且为了设计更好的系统(to-be 模型)。

(2) 为了构建和设计系统的构架。

(3) 为了创建可视化代码和其他实施形式。

建模不主张全有或全无(all-or-nothing)。模型可以在软件开发过程的很多方面发挥作用。图 1.7 描述了实践模型驱动开发的方法的使用范围。

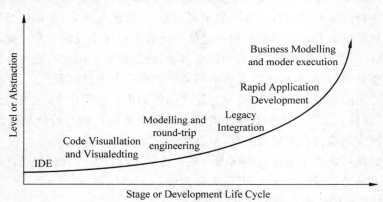

图 1.7　实践模型驱动开发的方法的使用范围

在图 1.7 中,纵轴表示的是抽象程度,横轴表示的是软件开发过程的各个阶段。

1. 集成的开发环境

在建模的最自由的概念中,集成开发环境(IDE)可以看作是模型驱动开发实践的入口点。现在的集成开发环境在创建和维护代码方面提供了许多提高抽象层次方面的机制。有许多工具,例如,语言敏感的编辑器、导航器、表单生成器和其他 GUI 控制,在更严格的术语上讲都不算是模型。但是，它们能够提高源代码之上的抽象层次，提高开发人员的生产率，帮助创建更可靠的代码，以及提供更高效的维护过程。所有的这些属性都是模型驱动开发的本质。

2．代码可视化和可视化编辑

基本 IDE 功能之上的一个功能是以图形的方式对源代码进行可视化处理。在这里，从某个意义上说，一幅图片的功效相当于一千行代码，开发人员已经有过使用代码之上的图形形式抽象的多年经验。传统的程序流程图就是描述代码算法控制流的常见方法。结构图甚至简单的带箭头的方块图经常在白板上使用——方框代表函数和子程序，箭头用来表明调用的依赖关系等。在面向对象的软件开发中，可以用类图来描述各个类之间的关系，用时序图表示类之间的调用关系。

与代码可视化处理联系最密切的是可视化编辑，其中开发人员可以通过图形的方式替代惯用的 IDE 文本窗口来编辑代码。可视化编辑很适合那些对其他代码有系统性影响的变更。例如，在一个面向对象的系统中，该系统有与继承体系有关的一组类，类的某些特性（域成员、方法或者函数）或许随着应用程序的进行需要重新组织到不同的类中（该过程称为重构）。使用通常的代码编辑器指定这样的变更可能很乏味并且很容易出错。但是一个有效的可视化编辑器就会允许开发人员将成员函数从一个类中拖放到它的基类中，并且自动调整这种变更所影响的所有代码。

从某种意义上说，代码可视化和可视化编辑是简单的查看和编辑代码的替代方法。代码所做的变更会立即反映到与其相关联的图中，反之亦然。尽管一些人可能争论说这些描述不能构成"模型"，建模的本质是抽象，并且任何代码的可视化确实也是一种抽象——有选择地揭示一些信息同时隐藏一些不必要的和不需要的细节。许多从业人员更愿意使用诸如代码模型、实施模型或特定平台模型（Platform-Specific Model，PSM）来限定这些抽象，而不使用与代码无直接关系的其他建模的更高层次的抽象形式。

3．建模和双向工程

建模范围的下一步是新兴的模型驱动开发。开发人员在明确了需求以后，根据建模方法把需求变成高层次的分析模型，进而得到设计模型，由设计模型可以生成代码框架。最后在 IDE 中完成系统的详细编码。模型和代码是同步的，意思是由模型可以生成代码，反过来，由代码也可获得模型。

4．遗留系统集成

当开发人员准备集成系统时，无论是遗留系统还是新系统，他们必须首先正确地理解这些系统，知道业务如何与这些系统协同工作，并且为这些集成划分优先级。对遗留系统进行建模并不意味着要将整个系统或者它的所有组件都包括进去；但是，开发人员应该理解遗留系统的构架，它们如何工作以及它们如何同其他系统进行交互。理解系统行为及其他的软件对该系统的依赖情况将有助于确定下一个步骤。

为遗留系统建模有很多方法。开发人员可以使用反向工程将代码放到模型中来理解它们，还可以手工建模或者两者结合起来使用。

5. 快速应用程序开发

快速应用程序开发(Rapid Application Develop,RAD)早在 20 世纪 80 年代就问世了。其宗旨是简单地提供生成代码和维护代码的高生产率的方法。RAD 是通过易于使用的、高级 IDE 的图形功能来实现的。RAD 与以代码为中心的开发及模型驱动开发不同,它提高了代码之上抽象的层次,但是它本身并没有使用"模型"。

6. 业务建模与模型执行

在了解软件的需求之前,业务人员和工程分析员经常发现创建系统如何工作的 as-is 模型大有作用。从该模型中,他们能够分析哪些发挥了作用,哪些还有待于改进。特殊用途的工具能够通过几种关键变量(如时间,成本以及资源)来模拟这些模型。在分析中,可以创建 to-be 模型来描述新的、经过改善的过程是如何工作的。一般说来,实现新的过程需要新的软件开发,并且 to-be 模型是保证开发的关键动力。

对某些应用领域来说,to-be 模型经过严格限定,以至于可以从模型生成完整的应用程序。在这种抽象层次上建模的能力提供了两方面的最大潜力,一方面是生产率,另一方面是业务或工程问题域和技术或实现域之间的集成。

1.3.4　如何进行 UML 建模

软件行业采用统一建模语言(Unified Modeling Language)作为表示模型和相关产品的标准方法。软件构架师,设计人员以及开发人员在设计、可视化、构建和文档化软件系统的各个方面使用 UML。来自 IBM Rational 的主要领导者引领了最初 UML 的发展。今天,UML 由对象管理组织(Object Management Group,OMG)管理,该组织由来自全世界的代表组成,确保它的规格说明能够不断满足软件社区的动态需要。采用标准的表示法,例如 UML,是将模型驱动方法引入软件开发中的一个重要步骤。

UML 不仅是一个图形化的表示法标准——它是一种建模语言。同所有语言一样,UML 定义了语法(包括图形和文本)和语义(符号和文本的根本含意)。将 UML 作为一种真正的建模语言而不仅仅是标准的表示法,对于两个方面来说都很重要,一方面是标准化 UML 的使用,另一方面是确保自动化工具能够正确实施符号背后的规则。UML 是一种真正的建模语言——已经成为软件行业最公认的及最广泛使用的建模标准。

进行 UML 建模最重要的是将 UML 应用于软件开发的各个阶段,不论是手绘 UML 图还是用建模工具绘制 UML 图,都能从建模中获得好处。当然,为了提高建模的工作效率,一般采用软件工具(如 IBM RSA)进行 UML 建模。

思考题

1. 什么是 UML?
2. 当前 UML 标准的版本是多少?
3. UML 在软件开发中的作用是什么?

4. 统一建模语言 UML 与程序设计语言有什么区别？

5. 为什么需要 UML？

实训任务

访问 UML 官方网站，利用网络获取 UML 标准的最新信息。写一篇网络调研报告。

第2章
UML 建模工具

知识目标
- 了解常用的 UML 建模工具。

技能目标
- 掌握 RSA 的安装和使用基础。

在第 1 章已经了解到，建模是管理软件开发复杂性的有效手段，UML（统一建模语言）是标准的建模语言，它提供了一套标准的图形符号，它的定义包括 UML 语义和 UML 表示法两个部分。只要遵照 UML 标准就可以进行 UML 建模，例如，手工绘制图形符号。但是，为了提高建模的效率，还必须有建模工具软件。随着 UML 的出现和发展，建模工具也越来越多。本章将介绍一些常用的建模工具，并重点介绍 IBM RSA。

2.1 RSA 与 RUP

"工欲善其事，必先利其器"，IBM 的建模工具 RSA 与 RUP 关系密切，本节先介绍什么是 RSA，RSA 的安装，然后介绍 RSA 与 RUP 的关系。

2.1.1 什么是 RSA

经典的 UML 建模工具当数 Rational Rose。IBM 在收购了 Rational 后，在 Rational Rose 的基础上开发了 IBM Rational Software Architect（简称为 IBM RSA 或 RSA），因此，Rational Rose 只支持 UML 1.4。而 RSA 支持 UML 2.0 及以上版本。

IBM Rational Software Architect 是一个高级而又全面的应用程序设计、建模和开发工具，用于实现端到端的软件交付。最新版更新了最新的设计和建模技术，对于 BPMN2、SOA 和 Java Enterprise Edition 5 相关的工程技术提供了全面支持，还提供了与 IBM 的应用程序生命周期管理解决方案相集成的一流工具。

详见 IBM 官方网站 http://www.ibm.com/developerworks/cn/downloads/。

相信大多数 Java 程序员都知道 Eclipse，Eclipse 是 IBM 投入一千多万美金开发的新一代集成开发环境。后来 IBM 为了更好地推广 Eclipse 项目，把它无偿捐献给了开源社区。而 IBM RSA 正是基于 Eclipse 的。RSA 既是建模工具，也是一个非常全面的开发工具，使得 RSA 支持软件开发的全过程，从需求分析，到分析和设计，再到实现。RSA 支持 UML2、

JAVA/C/C++和模型驱动开发。

2.1.2 RSA 的安装

本书以 IBM Rational Software Architect 8.5.1 为例,介绍 RSA 的使用。因为是中文版本,就不详细介绍安装步骤,仅指出安装过程中需要注意的问题。从安装过程中,也可了解到许多与软件开发相关的知识。

安装前可能需要暂时退出杀毒软件。

需要安装 JDK 并设置环境变量 JAVA_HOME。

因为 RSA 功能非常强大,包含多个软件包,如图 2.1 所示,可以根据需要选择安装软件包。

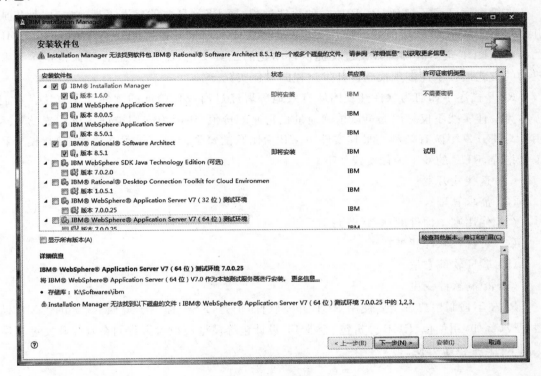

图 2.1 选择安装软件包

即使只选择安装 IBM Rational Software Architect,包含的功能部件仍然非常多,可以根据需要选择要安装的功能部件,对于大多数开发者来说,可能对如下功能部件感兴趣:

(1) Architect-最小。

(2) MDD for Java-标准。

(3) MDD for Microsoft. NET。

(4) Microsoft. NET 体系结构、开发自动化和可视化。

(5) 可扩展和基于模式的工程——转换创作。

(6) Rational Rose 模型导入。

（7）Visio 导入 UML 图。

（8）Struts 模型驱动开发。

（9）Web 开发者工具。

（10）企业开发者工具 Maven。

（11）Hibernate 建模与转换。

（12）Spring 核心建模与转换。

（13）模拟工具箱。

可以根据自己的 Windows 版本选择 32 位或 64 位系统。

2.1.3　在 RSA 中应用 RUP

在第 1 章已经了解到，RUP 是一种软件过程，而 RSA 是一种建模工具，也是一种集成开发工具。RSA 可以辅助我们应用 RUP 进行迭代和增量开发。RUP 是有效使用 UML 的指南。RUP 能对大部分开发过程提供自动化的工具支持，RUP 以适合于大范围项目和机构的方式捕捉了许多现代软件开发过程的最佳实践。

RUP 描述了如何为软件开发团队有效地部署经过商业化验证的软件开发方法。它们被称为最佳实践不仅是因为可以精确地量化它们的价值，还因为它们被许多机构成功地运用。为使开发团队有效利用最佳实践，RUP 为团队的每个成员提供了必要的准则、模板和工具指导，RUP 的 6 个最佳实践如下。

（1）迭代式开发；

（2）需求管理；

（3）使用基于构件的体系结构；

（4）可视化软件建模；

（5）验证软件质量；

（6）控制软件变更。

RSA 不强制用户一定要使用 RUP 开发软件，但是，RSA 提供了遵循 RUP 的 UML 模型模板（例如，用例包、RUP 分析包、企业 IT 设计包等模型模板），为我们在软件开发过程中应用 RUP 提供了方便。

2.2　RSA 使用基础

RSA 是基于 Eclipse 的可视化建模工具，熟悉 Eclipse 的读者一定不会对它感到陌生。和 Eclipse 一样，RSA 由几个透视图构成，每个透视图包含若干个视图和编辑器，它们互相配合完成一个独立的工作。其中，视图用来浏览、创建、删除和修改模型中的元素，编辑器用来显示和编辑模型中的各种图。

2.2.1　RSA 建模透视图

RSA 启动后的主界面如图 2.2 所示。

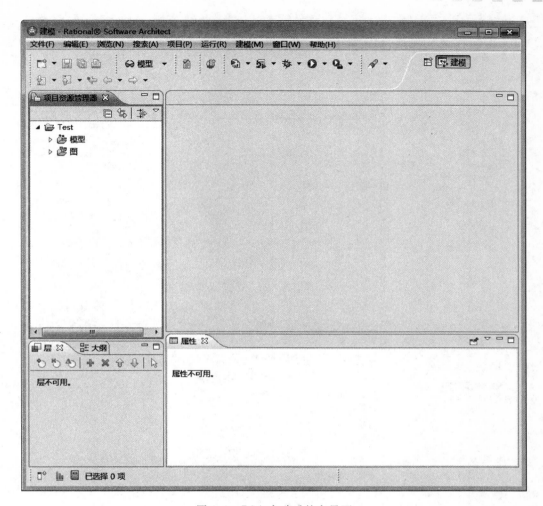

图 2.2　RSA 启动后的主界面

　　打开了项目资源管理器中的 UML 图后,默认的建模透视图如图 2.3 所示(可以通过单击主菜单中的菜单项"窗口"→"复位透视图"来重置默认的透视图)。

　　从图 2.3 中可以看到,RSA 的默认透视图由标题栏、菜单栏、工具栏和工作区组成。默认的工作区由 5 个部分组成,左侧上部是项目资源管理器,列出了当前工作区中的所有项目及其项目下的所有元素,用户可以在这里任意导航。左侧下部是大纲视图区,中间是编辑区,右侧是选用板,它是 RSA 建模过程中非常有用的工具,所有的 UML 元素都能在这里找到。值得注意的是,选用板的内容是根据打开的 UML 图的类别而变化的,换句话说,编辑什么 UML 图,需要用到哪些 UML 元素,这些元素才会出现在选用板中。选用板是可以隐藏的,其他 4 个部分是用最小化图标隐藏,选用板是用右上角的箭头图标隐藏。隐藏的目的是使得中间的编辑区更大,便于编辑 UML 图。下方是属性和状态视图。属性视图显示了当前选中元素的可用属性。基本上每个属性视图都会有几个"标签",各个标签中会将不同的属性进行分组,方便用户查找。

图 2.3　默认的建模透视图

在透视图上方的工具栏中列出了很多有用的工具,可以帮助用户更快地建模。另外,右击也会出现菜单,能帮助用户快速地建模。

2.2.2　RSA 操作常用技巧

掌握 RSA 的一些常用操作技巧,可以在使用 RSA 时收到事半功倍的效果。

1. 重置透视图

RSA 中包含很多视图,初学者一不小心就会关闭或隐藏了透视图中的视图。这时,可以通过单击主菜单中的菜单项"窗口"→"复位透视图"来重置成默认的透视图。

2. 打开视图

还可以根据自己的需要打开未显示的视图。下面以打开属性视图为例,打开视图的步骤如下。

（1）单击主菜单中的"窗口"→"显示视图"→"其他"，如图 2.4 所示。

（2）在"显示视图"窗口中，展开"常规"，双击"常规"下的"属性"或选择"属性"，再单击"确定"按钮，属性视图就出现在当前透视图中。

3．设置全局选项

全局选项可以通过单击主菜单"窗口"→"首选项"进行设置。RSA 有很多首选项，设置方法类似，以下仅举两例，读者完全可以举一反三，掌握全局选项的设置方法。

1）设置字体和颜色

单击主菜单"窗口"→"首选项"，在"首选项"窗口中，展开"常规"→"外观"，选择"颜色和字体"，再选择想要修改颜色和字体的编辑器，然后单击"编辑"按钮进行设置，如图 2.5 所示。

图 2.4　"显示视图"窗口

图 2.5　在"首选项"窗口设置字体和颜色

2）设置代码模板

单击主菜单"窗口"→"首选项"，在"首选项"窗口中，展开 Java→"代码样式"→"代码模板"，可以编辑、导入、导出代码模板，如图 2.6 所示。

图 2.6　在"首选项"窗口设置代码模板

4. UML 建模元素的查找、替换

在 RSA 建模的过程中，经常遇到 UML 元素很多的情况，这时候想要找到某个 UML 元素就很费时间，好在 RSA 提供了查找 UML 元素的功能，可以帮助我们快速定位想要查找的 UML 元素。替换 UML 元素值的步骤如下。

（1）在"项目资源管理器"中，右击在其中查找的包，在出现的菜单中选择"查找/替换"，弹出"查找/替换"对话框，如图 2.7 所示。

（2）在"查找/替换"对话框中，输入想要查找的 UML 元素。

图 2.7 "查找/替换"对话框

（3）搜索或替换。

① 单击"搜索"按钮，在"搜索"视图中显示搜索结果。或

② 如果想要替换搜索的 UML 元素，单击"替换"按钮，在弹出的"搜索并替换"对话框中，输入替换内容，然后单击"替换"或"全部替换"按钮，如图 2.8 所示。

图 2.8 "搜索并替换"对话框

5. 如何知道 UML 元素的被引用情况

（1）在"项目资源管理器"中，右击 UML 元素。

（2）在弹出的菜单中，选择"建模引用"再选择查找的范围（工作空间/封入项目/封入模型/工作集）。

（3）在透视图下方的"搜索"选项卡中显示了引用该建模元素的 UML 元素，如图 2.9 所示。

图 2.9   透视图下方的"搜索"选项卡

2.3   其他 UML 建模工具简介

随着软件工程的发展,软件行业对软件建模越来越重视。越来越多的公司开发了软件建模工具。软件建模工具可以分为两类:商业的(收费的)和开源的(免费的)。本节将介绍一些有代表性的软件建模工具。

2.3.1   IBM Rational Rhapsody

IBM® Rational® Rhapsody® 产品家族提供了多个版本来帮助系统工程师及嵌入式软件开发人员分析、设计、开发、测试和交付嵌入式及实时系统与软件。

对于系统工程师,Rational Rhapsody Architect for Systems Engineers 基本版带来了采用 SysML/UML 的需求分析管理功能,包括可用于商业案例的 Parametric Constraint Evaluation 模块。Rational Rhapsody Designer for Systems Engineers 基本版还包括设计验

证模拟功能。

对于软件开发人员,Rational Rhapsody Architect for Software 版提供了逆向工程和支持 C、C++、Java 和 C♯ 的代码框架生成功能。Rational Rhapsody Developer 版还额外提供了可视化开发环境,可以支持目标嵌入式实时操作系统(RTOS)的 C、C++、Java 和 Ada 行为代码生成。

Rhapsody 原来是美国 I-Logix 公司的著名产品,被 IBM 公司收购后,现在是 IBM 公司旗下的软件产品了。

详见 IBM 官方网站 http://www.ibm.com/developerworks/cn/downloads/。

2.3.2 PowerDesigner

PowerDesigner 最初由 Xiao-Yun Wang(王晓昀)在 SDP Technologies 公司开发完成。PowerDesigner 是 Sybase 的企业建模和设计解决方案,采用模型驱动方法,将业务与 IT 结合起来,可帮助部署有效的企业体系架构,并为研发生命周期管理提供强大的分析与设计技术。PowerDesigner 独具匠心地将多种标准数据建模技术(UML、业务流程建模以及市场领先的数据建模)集成一体,并与.NET、WorkSpace、PowerBuilder、Java™、Eclipse 等主流开发平台集成起来,从而为传统的软件开发周期管理提供业务分析和规范的数据库设计解决方案。此外,它支持六十多种关系数据库管理系统(RDBMS)/版本。PowerDesigner 运行在 Microsoft Windows 平台上,并提供了 Eclipse 插件。

PowerDesigner 先是被 Sybase 公司收购,Sybase 后又被 SAP 公司收购。著名的 ERP 软件 SAP 就是 SAP 公司的主要产品。PowerDesigner 现在是 SAP 公司旗下的软件了。

详见 PowerDesign 官方网站 http://powerdesigner.de/en/。

2.3.3 Visio

Visio 是微软 Office 产品家族的一员,是一个强大的图表制作工具,可以迅速创建专业图表。最新版 Visio 包含 70 个内置模板和不计其数的形状,它们符合包括以下各项在内的行业标准的要求。

(1) 业务图表,例如流程图、日程表、数据透视图和组织结构图。

(2) 流程图,例如跨职能流程图、IDEF0(流程建模集成定义)、BPMN(业务流程建模和标注)2.0 和 Microsoft SharePoint 工作流。

(3) IT 图表,例如 ITIL(信息技术基础设施库)、Active Directory、详细网络图和机架图。

(4) 软件和数据库图表,例如数据库表示法、网站地图和 UML(统一建模语言)2.4。

(5) 运营图表,例如六西格玛、管线和管路规划以及价值流图。

(6) 工程图,例如电子、电路和系统图。更新的模板包括符合电机和电子工程师学会(IEEE)法规要求的工程图。

(7) 地图和平面布置图,例如 HVAC(暖通空调)、办公室布局、现场平面图和空间规划。更新的模板包括六百多个现代风格的形状和 400 个智能形状,它们有助于提高工作效率。

详见微软官方网站 https://products.office.com/zh-cn/Visio/flowchart-software。

2.3.4　Enterprise Architect

Enterprise Architect 是一个全功能的、基于 UML 的 Visual CASE 工具，主要用于设计、编写、构建并管理以目标为导向的软件系统。它支持用户案例、商务流程模式以及动态的图表、分类、界面、协作、结构以及物理模型。此外，它还支持 C++、Java、Visual Basic、Delphi、C♯以及 VB. NET。

Enterprise Architect 功能很多，其中包括强大的数据库建模、系统工程和仿真、业务流程建模、应用程序可视化、先进的模型驱动架构等。使用了下列内建变换：

(1) C♯

(2) DDL

(3) EJB

(4) Java

(5) JUnit

(6) NUnit

(7) WSDL

(8) XSD

详见 Enterprise Architect 官方网站 http://www.sparxsystems.com.au/products/ea/。

2.3.5　TOGETHER

TOGETHER 是美国 Borland 公司提供的建模工具，功能包括领先的建模平台、统一的建模语言、模型驱动架构和数据建模。在软件开发领域，Borland 公司几乎是高品质软件的代名词。DOS 时代 Borland Turbo C/C++独领风骚，风靡全球，是 DOS 时代最强大的开发工具。Borland Delphi 也曾经风靡一时。Borland 公司从著名的编程工具供应商转型为软件开发生命周期软件供应商，以及众多的软件开发生命周期软件供应商的兴起，由此可以得出结论：软件建模在软件开发过程中越来越重要；20 世纪学程序设计语言，21 世纪学编程思想和软件开发工具。

详见 TOGETHER 官方网站 http://www.borland.com/zh-CN/Products/Requirements-Management/Together。

2.3.6　一些免费的建模工具

除了上述商业建模软件以外，还有众多的开源建模工具。

(1) StarUML：是一个开源 UML 项目，可以开发快速、灵活、可扩展、多功能并且免费的 UML/MDA 平台。此项目运行在 Win32 平台之上。StarUML 项目的目标是成为 Rational Rose、Together 等商业 UML 工具的替代者。详见 http://staruml.io/。

(2) Netbeans UML Plugin：NetBeans UML 插件目前支持以下 UML 图——活动图，类图，序列图，状态图，以及用例图。可以在图编辑器中排列图、拖曳图案和类等。

(3) Eclipse UML2 Tools：UML2 工具是一系列基于 GMF 的编辑器，可以查看并编辑 UML 模型。这个工具专注自动生成所有 UML 图类的编辑器。

（4）Visual Paradigm：为软件工程师、系统分析员、商业分析员、系统建筑师而设计的一个 UML CASE 工具。详见 https://www.visual-paradigm.com/。

（5）TinyUML：是一个免费工具，用于简单快速地创建 UML 2 图。它在 Java 平台上运行，需要 Java SE 6 及以上版本。详见 https://sourceforge.net/projects/tinyuml/。

值得注意的是，Java 平台的开发工具 Eclipse、NetBeans 和 Oracle 的 JDeveloper 都提供了对 UML 的支持，.NET 平台的开发工具微软的 Visual Studio 也提供了对 UML 的支持。

思考题

1. 请列出你所了解的 UML 建模工具有哪些，说明它们各自有什么特点。
2. 什么是 RSA？RSA 支持 UML 的版本是多少？
3. 请列出你所知道的支持 UML 的软件开发集成开发环境。

实训任务

安装 RSA，记录安装过程和应注意的问题，写出 RSA 软件安装说明书。

第3章
UML 与面向对象开发方法

知识目标
- 理解面向对象的概念；
- 掌握面向对象建模的基本步骤；
- 理解面向对象的分析与设计方法；
- 理解面向对象的实现方法；
- 理解 UML 对面向对象开发的支持。

技能目标
- 能够利用已有知识学习新知识。

学习过面向对象程序设计语言（例如 Java、C++）的读者对面向对象的概念已经有了一定的了解。本章将简要复习面向对象的概念，并介绍面向对象分析与设计、面向对象建模等面向对象技术。

3.1 面向对象概念

20 世纪 60 年代中期以来，基于计算机的系统规模越来越大，系统的复杂性也不断增加，人们很难把握软件开发过程，开发出来的软件质量越来越难以保证，软件生产率急剧下降。由于大型软件开发的工程性和实际开发工作中手工性的不相适应，出现了软件危机。为解决上述问题，在 1968 年的北大西洋公约学术会议上提出了软件工程的思想，希望采用工程方法来开发软件。四十多年来这一思想逐步为人们所重视，其发展迅速，并取得了令人瞩目的成就。但这一时期该领域采用的方法主要是结构化的分析与设计方法，这种方法对现代日益复杂的软件开发而言存在严重的不足，由此产生的软件危机并未真正得到解决。因此，人们正设法寻找一种新的有效途径来解决这一问题。

面向对象概念自 20 世纪 60 年代出现至今，面向对象技术已成为一种完整的思想与方法体系，并且在计算机领域中得到广泛应用，如在程序设计中的面向对象程序设计、在人工智能中的面向对象知识表示、在数据库中的面向对象数据库、在人机界面中的面向对象图形用户界面、在计算机体系结构中的面向对象结构体系等都有突出表现。由于面向对象技术在软硬件开发方面呈现出巨大的优越性，人们将其视为解决软件危机的一个很有希望的突破口。

　　面向对象的方法启发我们从现实世界中客观存在的事物出发构造软件系统,并在系统构造过程中尽可能地运用人的自然思维方式。它强调直接以问题域中的事物为中心来思考问题、认识问题,并根据这些事物的本质特征把它们抽象为解空间中的对象,以对象作为系统的基本构成单位。这样可以使系统直接映射问题域,最大限度地保持问题域中的事物及其相互关系的本质,使得解空间和问题域能够在结构上取得尽可能一致。这样做就向着减少语义断层的方向迈出了一大步,在许多系统中解空间对象都可以直接模拟问题空间的对象,因此,这样的程序易于理解和维护。

　　面向对象方法比以往的方法更接近人类的自然思维方式。虽然结构化开发方法也采用了符合人类思维习惯的原则与策略,但是与传统的结构化开发方法不同,面向对象方法更加强调运用人类在日常生活中的逻辑思维中采用的思想方法,并以其他人也能理解的方式将自己的思想表达出来。

　　面向对象的软件技术以对象(Object)为核心,用这种技术开发出的软件系统由对象组成。对象是对现实世界实体的正确抽象,它是由描述内部状态、表示静态属性的数据,以及可以对这些数据施加的操作(表示对象的动态行为)封装在一起所构成的统一体。对象之间通过传递消息互相联系,以模拟现实世界中不同事物彼此之间的联系。

　　面向对象的设计方法与传统的面向过程的方法有本质不同,这种方法的基本原理是,使用现实世界的概念抽象地思考问题从而自然地解决问题。它强调模拟现实世界中的概念而不强调算法,它鼓励开发者在软件开发的绝大部分过程中都用应用领域的概念去思考。在面向对象的设计方法中,计算机的观点是不重要的,现实世界的模型才是最重要的。面向对象的软件开发过程从始至终都围绕着建立问题域的对象模型来进行。对问题域进行自然的分解,确定需要使用的对象和类,建立适当的类等级,在对象之间传递消息实现必要的联系,从而按照人们习惯的思维方式建立起问题域的模型,模拟客观世界。

　　传统的软件开发方法可以用“瀑布”模型来描述,这种方法强调自顶向下按部就班地完成软件开发工作。事实上,人们认识客观世界,解决现实问题的过程,是一个渐进的过程,人的认识需要在继承以前的有关知识的基础上,经过多次反复才能逐步深化。在人的认识深化过程中,既包括从一般到特殊的演绎思维过程,也包括从特殊到一般的归纳思维过程。人在认识和解决复杂问题时使用的最强有力的思维工具是抽象,也就是在处理复杂对象时,为了达到某个分析目的集中研究对象的与此目的有关的本质部分,忽略该对象的那些与此目的无关的部分。

　　面向对象方法学的基本原则是按照人类习惯的思维方法建立问题域的模型,开发出尽可能直观、自然的表现求解方法的软件系统。面向对象的软件系统中广泛使用的对象,是对客观世界中实体的抽象。对象实际上是抽象数据类型的实例,提供了比较理想的数据抽象机制,同时又具有良好的过程抽象机制(通过发消息使用公有成员函数)。对象类是对一组相似对象的抽象,类等级中上层的类是对下层类的抽象。因此,面向对象的环境提供了强有力的抽象机制,便于用户在利用计算机软件系统解决复杂问题时使用习惯的抽象思维工具。此外,面向对象方法学中普遍进行的对象分类过程,支持从特殊到一般的归纳思维过程;面向对象方法学中通过建立类等级而获得的继承特性,支持从一般到特殊的演绎思维过程。

　　面向对象的软件技术为开发者提供了随着对某个应用系统的认识逐步深入和具体化的过程,而逐步设计和实现该系统的可能性,因为可以先设计出由抽象类构成的系统框架,随着认识的深入和具体化再逐步派生出更具体的派生类。这样的开发过程符合人们认识客观世界解决复杂问题时逐步深化的渐进过程。

面向对象的软件工程方法包括面向对象的分析(OOA)、面向对象的设计(OOD)、面向对象的编程(OOP)和面向对象的软件维护(OOSM)等内容。在每一个开发阶段,面向对象的方法都要求对系统建立模型,为系统在本阶段的构建提供蓝图。不同阶段的模型包含的内容是不同的,既可以包括详细的计划,也可以包括从很高的层次考虑系统的总体计划。一个好的模型包括那些有广泛影响的主要元素,而忽略那些与给定的抽象水平不相关的次要元素。每个阶段的模型都是一个在语义上闭合的系统抽象。模型可以是结构性的,强调系统的组织,例如系统的静态结构模型;它也可以是行为性的,强调系统的动态方面,例如系统的交互协作模型。

3.1.1　对象和类

面向对象概念是在 20 世纪 60 年代末期由使用 SIMULA 语言的人开始提出的,20 世纪 70 年代初成为 Xerox PARC 开发的 Smalltalk 的重要组成部分。与此同时,对软件的开发仍然采用功能分解法来解决设计与实现问题,很少讨论面向对象的设计,更没有对面向对象分析的讨论。但自 20 世纪 80 年代以来,面向对象方法与技术日益受到计算机领域的专家、研究和工程技术人员的重视。20 世纪 80 年代中期相继出现了一系列描述能力强、执行效率高的面向对象编程语言,标志着面向对象的方法与技术开始走向实用。自 20 世纪 80 年代末到 20 世纪 90 年代,面向对象方法与技术向软件生命周期的前期阶段发展,人们对面向对象方法的研究不再局限于编程而是从系统分析和系统设计阶段就开始采用面向对象方法,这标志着面向对象方法已经发展成一种完整的方法论和系统化的技术体系,下面介绍一些面向对象的基本概念。

1. 对象

对象含义广泛,难以精确定义,不同的场合有不同的含义。一般来说,任何事物均可看作对象。任何事物均有各自的自然属性和行为,当考察其某些属性与行为并进行研究时,它便成为有意义的对象。采用面向对象方法进行软件开发时,需要区分三种不同含义的对象:客观对象、问题对象和计算机对象。客观对象是现实世界中存在的实体;问题对象是客观对象在问题域中的抽象,用于根据需要完成某些行为;计算机对象是问题对象在计算机系统中的表示,它是数据和操作的封装体。三种对象间的关系如图 3.1 所示。

图 3.1　三种对象间的关系

对象是理解面向对象技术的关键。可以发现现实世界中的对象具有共同点:它们都有状态和行为。图 3.2 中的汽车对象有自己的状态(有速度、油量等)及行为(如发动汽车、关闭发动机、刹车和加速等)。对象是封装了数据结构及可以施加在这些数据结构上的操作的封装体,这个封装体可以唯一地标识其名字,而且向外界提供一组服务(即公有的操作)。对象中的数据表示对象的状态,一个对象的状态只能由该对象的操作来改变。每当需要改变对象的状态时,只能由其他对象向该对象发送消息。对象响应消息时,按照消息模式找出与之匹配的方法,并执行该方法。图3.2中的汽车对象,它的状态就只能通过暴露出来的方法来修改。

从上述对象概念的描述中,可以归纳出对象具有如下特点。

图 3.2 汽车对象

(1) 自治性:对象的自治性是指对象具有一定的独立计算能力。给定一些输入,经过状态转换,对象能产生输出,说明它具有计算能力。对象自身的状态变化是不直接受外界干预的,外界只有通过发送的消息对它产生影响,从这个意义上说,对象具有自治性。

(2) 封闭性:对象的封闭性是指对象具有信息隐蔽的能力。具体说来,外界不直接修改对象的状态,只有通过向该对象发送消息来对它施加影响。对象隐蔽了其中的数据及操作的实现方法,对外可见的只是该对象所提供的操作(即能接收和处理的消息)。

(3) 通信性:对象的通信性是指对象具有与其他对象通信的能力,具体说来,就是对象能接收其他对象发来的消息,同时也能向其他对象发送消息。通信性反映了不同对象间的联系,通过这种联系,若干对象可协同完成某项任务。

(4) 被动性:对象的被动性是指对象的存在和状态转换都是由来自外界的某种刺激引发的。对象的存在可以说是由外界决定的,而对象的状态转换则是在它接收到某种消息后产生的,尽管这种转换实际是由其自身进行的。

(5) 暂存性:对象的暂存性有两层含义。一是指对象的存在是可以动态地引发的,而不是必须在计算的一开始就存在;二是指对象随时可以消亡(而不是必须存在到计算结束)。虽然可以在计算过程中自始至终保存某些对象,但从对象的本质或作用来说,它具有暂存性。

上面5个性质分别刻画了对象的不同方面的特点。自治性、封闭性和通信性刻画的是对象的能力;被动性刻画的是对象的活动;暂存性刻画的是对象的生存特性;自治性反映了对象独立计算的能力;封闭性和通信性则说明对象是既封闭又开放的相对独立体。

2. 类

对象是系统中运行时刻的基本成分,它们在程序中又如何反映呢?事实上,系统中往往存在多个具有共同特性的对象。例如,张三、李四、王五、赵六……都具有姓名、身份证号、性别和年龄等特性,而具有姓名、身份证号、性别和年龄等特性的抽象对象便是张三、李四、王五、赵六……对象的一个抽象。在语言中,这样的抽象称为"类",类刻画了一组具有共同特性的对象。比如,上述张三、李四、王五、赵六……可以抽象为一个具有姓名、身份证号、性别和年龄等特性的"人"的对象,称为类"人"。

类的作用可归纳为两种:一是作为对象的描述机制,刻画一组对象的公共属性和行为;二是作为程序的基本单位,它是支持模块化设计的设施,并且类上的分类关系是模块划分的规范标准。

与对象的组成部分相对应,类也有三个组成部分：数据、操作和接口。数据刻画对象的状态,操作刻画对象的行为,类中所有数据均为私有,接口使操作对外可见。从类自身的内容看,它描述了一组数据及其上的操作,这些数据为类所私有,只有操作对外可见。

类的概念可从下面4个方面去理解。

(1) 类是对对象的进一步抽象。由现实世界中的张三、李四、王五、赵六……都具有姓名、身份证号、性别和年龄等特性我们获得一个抽象的概念——对象,每一个对象都有自己的特性。描述这些对象的共同部分就是对这些对象的进一步抽象,由此得到类。类是静态概念,对象是动态概念。

(2) 类描写了一组相似对象的共同特性。面向对象程序执行时体现为一组对象状态的变化,这里的对象便是由类来刻画的。类刻画了一组具有相似特性的对象,在运行时可根据类中的描述动态地创建对象。

(3) 类既可以与具体的程序设计语言无关,也可以与具体的程序设计语言相关。与具体的程序设计语言无关的类称为分析类；与具体的程序设计语言相关的类称为设计类或实现类。

(4) 类的概念尽管来源于程序设计语言,但不限于程序设计语言。随着面向对象方法与技术向软件生命周期的前期阶段的延伸,在软件开发的各个阶段都不同程度地会涉及类的概念。

3.1.2　消息与方法

1. 消息

上面介绍了对象是一个相对独立的具有一定计算能力的自治体,对象之间不是彼此孤立而是互相通信的,面向对象程序的执行体现为一组相互通信的对象的活动。那么面向对象程序是如何实施计算(运行)的呢？计算是由一组地位等同的称作对象的计算机制合作完成的,合作方式是通信即相互交换信息,这种对象与对象之间所互相传递的信息称为消息。消息可以表示计算任务,也可以表示计算结果。

在面向对象计算中,每一项计算任务都表示为一个消息,实施计算任务的若干相关联的对象组成一个面向对象系统。提交计算任务即由任务提交者(系统外对象)向承担计算任务的面向对象系统中的某对象发送表示该计算任务的消息。计算的实施过程是面向对象系统接收到该消息后所产生的状态变化过程,计算的结果通过面向对象系统中的对象向任务提交者回送。

消息一般由以下三个部分组成。

(1) 接收消息的对象。

(2) 接收对象应采用的方法。

(3) 方法所需要的参数。

计算任务通常先由某一对象"受理"(该对象接收到某种消息),然后通过对象间的通信,计算任务就分散到各个有关对象中,最后再由某些对象给出结果(通过发送消息)。发送消息的对象称为发送者,接收消息的对象称为接收者。消息中包含发送者的要求,它告诉接收者需要完成哪些处理,但并不指示接收者如何完成这些处理。消息完全由接收者解析,接收者独立决定采用什么方式完成所需处理。一个对象能够接收不同形式、不同内容的多个消息,相同形式的消息可以发往不同的对象,不同的对象对于形式相同的消息可以有不同的解析,并做出不同的反应。对于传来的消息,对象可以返回相应的应答消息。

对象可以动态地创建,创建后即可以活动。对象在不同时刻可处于不同状态,对象的活动是指对象状态的改变,它是由对象所接收的消息引发的。对象一经创建,就能接收消息,并向其他对象发送消息。对象接收到消息后,可能出现:①自身状态改变;②创建新对象;③向其他对象发送消息。

从对象之间的消息通信机制可反映出面向对象计算具有如下特性。

(1) 协同性。协同性表现在计算是由若干对象共同协作完成的。虽然计算任务可能首先由面向对象系统中的某个特定对象"受理"(即接收到表示该任务的消息),但往往并不是由该对象独立完成的,而是通过对象间的通信被分解到其他有关对象中,由这些对象共同完成,对象间的这种协同性使计算具有分布性。

(2) 动态性。动态性表现在计算过程中对象依通信关系组成的结构会动态地改变,新对象会不断创建,老对象也会不断消亡。面向对象系统最初由若干初始对象组成,一旦外界向这些初始对象发送了表示计算任务的消息,面向对象系统即活动起来直至给出计算结果。在此过程中,面向对象系统的组成因创建新对象而不断地改变。

(3) 封闭性。封闭性表现在计算是由一组相对封闭的对象完成的。从外界看一个对象,只是一个能接收和发送消息的机制,其内部的状态及其如何变化对外并不直接可见,外界只有通过给它发送消息才能对它产生影响。对象承担计算的能力完全通过它能接收和处理的消息体现。

(4) 自治性。自治性表现在计算是由一组自治的对象完成的。对象在接收了消息后,如何处理该消息(即自身状态如何改变,需创建哪些新对象,以及向其他对象发送什么消息),完全由该对象自身决定。在面向对象计算中,数据与其上的操作地位同等,两者紧密耦合在一起形成对象,亦即数据及其上的操作构成对象。因此,在面向对象计算中,数据与其上的操作之间的联系处于首要地位,何时对何数据施行何种操作完全由相应数据所在对象所接收到的消息及该对象自身决定。由于对象的封装性和隐蔽性,对象的消息仅作用于对象的接口,通过接口进一步影响和改变对象状态。

2. 方法

方法反映对象的行为,是对象固有的动态表示,可审视并改变对象的内部状态。一个对象往往可以用若干方法表示其动态行为,在计算机中,方法也可称为操作。它的定义与表示包含两部分:一是方法的接口,它给出了方法的外部表示,包括方法的名称、参数及结果类型;二是方法的实现,它用一段程序代码表示,这段代码实现了方法的功能。

把所有对象抽象成各种类,每个类都定义一组方法,代表允许作用于该类对象上的各种操作。方法描述了对象执行操作的算法,响应消息的方法。

3.1.3　面向对象的要素

1. 继承性

类之间的继承关系是现实世界中遗传关系的直接模拟,它表示类之间的内在联系以及对属性和操作的共享。继承是类与类之间的一种关系,它使程序人员可以在已有类的基础上定义和实现新类。继承是实现利用可重用软件构件构造系统的有效语言机制。

继承能有效地支持软件构件的重用,使得当需要在系统中增加新特征时所需的新代码最少,并且当继承和多态动态绑定结合使用时,为修改系统所需变动的源代码最少。

继承按照子类与父类的关系,把若干个类组成一个类层次结构。在这种层次结构中,通常下层的派生类具有和上层的基类相同的特性(包括数据和方法)。继承是子类自动地共享父类中定义的数据和方法的机制,一个直观的描述如图 3.3 所示。

图 3.3 中描述了类 A 和类 B 之间的继承关系。类 B 继承了类 A,因此它包含类 A 中的所有数据结构和方法。同时,类 B 也定义了自己的附加内容,形成了自己的、不同于父类的数据结构和方法,这是类 B 对父类的增量定义。

当一个类只允许有一个父类时,类的继承是单继承;当允许一个类有多个父类时,类的继承是多重继承。

判断两个类之间是否具有继承关系的一个重要准则是替换原理:凡是父类可以胜任的场合,子类也一定可以胜任。

图 3.3 继承描述

再举一个常用的例子是学校组成人员之间的关系,本科生是一类特殊的学生,这一关系很容易用如图 3.4 所示的继承关系来刻画。

图 3.4 学校组成人员间的继承关系

作为学生的后继,本科生具有学生的所有特征。另外,由于学生是人的后继,本科生也继承了人的特征。在最高抽象层上,所有学校组成人员都具有身份号、姓名、年龄和性别等属性,也有一些相同的操作,这些特征在根类人中定义。学生类增加了成绩、课程等属性。由于继承的关系,因此本科生也具有身份号、姓名、年龄、性别、成绩、课程等属性。继承的使用大大地减少了添加新特征所需的工作,同样在面向对象开发过程中,继承也有助于使用原型速成开发方法。

继承机制的强有力之处还在于它允许程序员重用一个未必完全符合要求的类,允许对该类进行修改而又不至于在该类的其他部分引起副作用。另外,在面向对象设计中,还注重在较高抽象层次上提取和封装公共性质。如果把这些高层次的类保存在类库中,那么,对于用户所需要的类,在类库中都可能有一个更一般的类与之对应。

如果一个软件系统是用面向对象方法进行分析和设计,并用面向对象程序设计语言实现的,那么在分析阶段所识别的对象和分类关系就能在设计阶段得到保留和丰富,而且可以直接用代码实现,这种直接用代码刻画和封装抽象结构的能力,代表了软件技术上的进步。

2．抽象

抽象同样是一种人类认识客观世界的方式。为了记忆或区分，人类常常把客观世界的一些事物的基本特征、内在的属性概念化，用逻辑模型表达出来，这样的过程就是抽象。例如，在世界地图上可以用一个点代表城市，用曲线来表示河流等，它们忽略了城市的大小和河流的宽度，却保留了它们的主要信息——位置和长度。通过抽象，达到了简化表达、突出重点的目的。面向对象提供的抽象表达能力，符合人类认识世界的规律，因而它是对面向过程的进化。可以说软件工程的发展历史就是人们不断追求更高水平的抽象、封装和模块化的历史。

3．封装性

对象不仅包含数据，同时也包含操作这些数据的方法。对象是进行数据处理的主体，必须发消息请求对象执行它的某个操作，处理它的私有数据，而不能从外界直接对它的私有数据进行操作。也就是说，一切从属于该对象的私有信息，都被封装在该对象类的定义中，就好像装在一个不透明的黑盒子中一样。

封装性和信息的隐蔽性是联系在一起的。软件的内部构件都是具有良好外部边界的。使其隐藏不应该被外部直接访问的类成员，它们在外部是不可见的。而只能通过类提供的方法或外部接口来进行访问，从而将外部接口和内部实现分开。面向对象方法鼓励隐藏信息，除了需要共享的结构和方法外，都要使用私有成员。这样使类的接口尽可能简单，减少类之间的相互依赖，从而达到高内聚，低耦合。

封装的基本单位是对象。例如，一个咖啡机被封装起来，使用者无法看到咖啡机内部的工作细节。使用者只需按下代表不同口味的咖啡的按钮，就可以喝到咖啡了。封装将使用者和设计者分开，只需要使用对象暴露出来的方法就可以获得相应的功能。这样大大提高了软件的可维护性。

4．多态性

多态的一般含义是，某一领域中的元素可以有多种解释，程序设计语言中的"一名多用"即是支持多态的设施。继承机制是面向对象程序设计语言中所特有的另一种支持多态的设施。

在面向对象的软件技术中，多态是指在类继承层次中的类可以共享一个行为的名字，而不同层次的类却各自按自己的需要实现这个行为。当对象接收到发送给它的消息时，根据该对象所属的类动态地选择在该类中定义的行为实现。

在面向对象程序设计语言中，一个多态的对象指引变量可以在不同的时刻，指向不同类的实例。由于多态对象指引变量可以指向多类对象，所以它既有一个静态类型又有多个动态类型。多态对象指引变量的动态类型在程序执行中会不时地改变，在强类型的面向对象环境中，运行系统自动地为所有多态对象指引变量标记其动态类型。多态对象指引变量的静态类型由程序正文中的变量说明决定，它可以在编译时确定，它规定了运行时刻可接受的有效对象类型的集合，这种规定是通过对系统的继承关系图进行分析得到的。

在强类型的面向对象程序设计语言中，继承所反映的概念包含关系和多态的思想密切有关。如果类 Y 是类 Z 的后继,则概念上 Z 包含 Y,那么在所有期望 Z 的实例的场合,都允许用 Y 的实例来代替。多态的特点在很大程度上提高了程序的抽象程度和简洁性,最大限度地降低了类和程序模块间的耦合性,提高了类模块的封闭性,使得它们不需了解对方的具体细节就可以很好地共同工作,这对程序的设计、开发和维护都有很大的益处。

5. 关联

在现实世界中,事物不是孤立的,而是彼此之间存在各种各样的联系。关联描述了系统中对象之间的离散连接。例如,在一个学校中,有教师、学生和教室等事物,它们之间存在某种特定的联系。关联在一个含有两个或多个对象的序列中建立联系,序列中的对象允许重复。

图 3.5　聚合和组合关联

关联有两种比较特殊的类型:聚合和组合。聚合表示部分与整体关系的关联。组合是更强形式的关联,整体有管理部分的职责,比如为它们分配和释放空间。一个对象最多属于一个组合关系。表示部分的类与表示整体的类之间有单独的关联,但为方便起见,可以把连线结合在一起,如图 3.5 所示表示了聚合和组合关联。

3.2　面向对象建模

众所周知,在解决问题之前必须首先理解所要解决的问题。软件开发项目失败的一个主要原因是对所要解决的问题理解不够,或者说没有很好地识别用户需求。

在对目标系统进行分析的初始阶段,面对大量模糊的、涉及众多专业领域的、错综复杂的信息,系统分析员往往感到无从下手。模型提供了组织大量信息的一种有效机制。用面向对象方法成功地开发软件的关键,同样是对问题域的理解。面向对象方法最基本的原则,是按照人们习惯的思维方式,用面向对象观点建立问题域的模型,便于参入软件开发的各方交流对问题的理解,对所要完成的软件产品规格达成共识。

3.2.1　按模型的用途对模型分类

用面向对象方法开发软件,通常需要建立三种形式的模型,它们分别是描述系统数据结构的对象模型,描述系统控制结构的动态模型和描述系统功能的功能模型。这三种模型都涉及数据、控制和操作等共同概念,只不过每种模型描述的侧重点不同。这三种模型从三个不同但又密切相关的角度模拟目标系统,它们各自从不同侧面反映了系统的实质性内容,综合起来则全面地反映了对目标系统的需求。一个典型的软件系统组合了上述三方面内容:它使用数据结构(对象模型),执行操作(动态模型),并且完成数据值的变化(功能模型)。为了全面地理解问题域,对任何大系统来说,上述三种模型都是必不可少的。当然,在不同的应用问题中,这三种模型的相对重要程度会有所不同。但是,用面向对象方法开发软件,在任何情况下,对象模型始终都是最重要、最基本、最核心的。在整个开发过程中,三种模型一直都在发展、完善：在面向对象分析过程中，构造出完全独立于实现的应用域模型；在面向对象设计过程中，把求解域的结构逐渐加入到模型中；在实现阶段，把应用域和求解域的结构都编成程序代码并进行严格的测试验证。

（1）对象模型。对象模型表示静态的、结构化的系统的"数据"性质。它是对模拟客观世界实体的对象以及对象彼此间的关系的映射，描述了系统的静态结构。面向对象方法强调围绕对象而不是围绕功能来构造系统。对象模型为建立动态模型和功能模型提供了实质性的框架。在建立对象模型时，人们的目标是从客观世界中提炼出对具体应用有价值的概念。

为了建立对象模型，需要定义一组图形符号，并且规定组织这些符号以表示特定语义的规则。也就是说，需要用适当的建模语言来表达模型，建模语言由记号（即模型中使用的符号）和使用记号的规则（语法、语义和语用）组成。

一些著名的软件工程专家在提出自己的面向对象方法的同时，也提出了自己的建模语言。但是，面向对象方法的用户并不了解不同建模语言的优缺点，很难在实际工作中根据应用的特点选择合适的建模语言，而且不同建模语言之间存在的细微差别也极大地妨碍了用户之间的交流。面向对象方法发展的现实，要求在精心比较不同建模语言的优缺点和总结面向对象技术应用经验的基础上，把建模语言统一起来。

（2）动态模型。动态模型表示瞬时的、行为化的系统的"控制"性质，它规定了对象模型中的对象的合法变化序列。

一旦建立起对象模型之后，就需要考察对象的动态行为。所有对象都具有自己的生命周期（或称为运行周期）。对一个对象来说，生命周期由许多阶段组成，在每个特定阶段中，都有适合该对象的一组运行规律和行为规则，用以规范该对象的行为。生命周期中的阶段也就是对象的状态。所谓状态，是对对象属性值的一种抽象。当然，在定义状态时应该忽略那些不影响对象行为的属性。各对象之间相互触发（即作用）就形成了一系列的状态变化，人们把一个触发行为称作一个事件。对象对事件的响应，取决于接收该触发的对象当时所处的状态，响应包括改变自己的状态或者又形成一个新的触发行为。

状态有持续性，它占用一段时间间隔。状态与事件密不可分，一个事件分开两个状态，一个状态隔开两个事件。事件表示时刻，状态代表时间间隔。通常，用 UML 提供的状态图来描绘对象的状态、触发状态转换的事件以及对象的行为（对事件的响应）。每个类的动态行为用一张状态图来描绘，各个类的状态图通过共享事件合并起来，从而构成系统的动态模型。也就是说，动态模型是基于事件共享而互相关联的一组状态图的集合。

（3）功能模型。功能模型表示变化的系统的"功能"性质，它指明了系统应该"做什么"，因此更直接地反映了用户对目标系统的需求。

软件工程早期，功能模型通常由一组数据流图组成。在面向对象方法学中，数据流图远不如在结构化分析设计方法中那样重要。一般说来，与对象模型和动态模型比较起来，数据流图并没有增加新的信息。但是，建立功能模型有助于软件开发人员更深入地理解问题域，改进和完善自己的设计，因此，不能完全忽视功能模型的作用。通常，软件系统的用户数量庞大（或用户的类型很多），每个用户只知道自己如何使用系统，但是没有人准确地知道系统的整体运行情况。因此，使用用例模型代替传统的功能说明，往往能够更好地获取用户需求，它所回答的问题是"系统应该为每个（或每类）用户做什么"。

3.2.2　按软件开发过程对模型分类

功能模型、对象模型、动态模型是按模型的用途对模型的分类。在软件开发过程中,在不同阶段需要建立不同的模型,并且这些模型的目的是不同的。模型按软件开发的阶段性可以分为以下 6 种。

(1) 业务模型:展示业务过程、业务内容和业务规则的模型。参加创建业务模型的主要人员有领域专家和需求分析师,业务模型通常用对象模型表示。

(2) 需求模型:展示用户要求和业务要求的模型。参入创建需求模型的主要人员有需求分析师和系统设计师。需求模型通常由用例模型表示(用例模型主要由用例图构成)。

(3) 数据库模型:指物理数据模型,该模型是可选的。数据库应用软件需要创建数据库模型。以数据库设计人员为主,架构师提供指导,资深开发(设计)人员予以配合,共同设计该模型。

(4) 分析模型:系统分析是系统实现的第一步,其目的是在比较高的抽象层次上帮助理清需求和设计。分析模型和设计模型关心的都是系统是如何被实现的,但是它们的侧重点不同。

(5) 设计模型:包含架构模型和详细设计模型。架构模型展示软件系统的宏观结构;详细设计模型展示软件系统的微观组成。架构师设计架构模型(架构模型通常由包图组成)。详细设计模型则以资深开发人员为主,架构师提供指导,共同设计(详细设计模型通常用对象模型表示)。

(6) 实现模型:描述了软件组件(该组件能够运行)及其关系(通常由构件图或部署图组成)。以资深开发人员(设计人员)为主,架构师提供总体指导共同设计完成该模型。

3.2.3　IBM RSA 面向对象建模的主要步骤

利用 IBM Rational Software Architect 对软件系统建模时,采用的就是以上的模型分类方法。基于 IBM RSA 的面向对象建模过程一般遵循如下主要步骤。

(1) 识别系统的用例和角色。

在这一阶段,可以利用 RSA 建立系统的需求模型。首先对项目进行需求调研,依据项目的业务流程图和数据流程图以及项目中涉及的各级操作人员,通过分析,识别出系统中的所有用例和角色;接着分析系统中各角色和用例间的联系。在分析模型中需要包括系统的用例图以及用户与系统交互的活动图。它们从用户的角度分别描述了系统的功能和使用流程。借助需求模型可以解决"做什么"的问题。

(2) 进行系统分析,并抽象出类。

在这一阶段,可以利用 RSA 建立分析模型。系统分析的任务是找出系统中所有需求并加以描述,同时为每一个用例提供相应的用例实现。通过对系统的深入分析,要从中抽取出实体类、边界类和控制类,并描述这些类之间的关系。

(3) 设计系统和系统中的类及其行为。

这个阶段需要建立的模型是设计模型。设计阶段由结构设计和详细设计组成。结构设计是高层设计,其任务是定义包(子系统),包括包间的依赖关系和主要通信机制。包有利于描述系统的逻辑组成部分以及各部分之间的依赖关系。详细设计就是要细化包的内容,清晰描述所有的类,包括每个类的属性和方法的定义。经过这个阶段,就可以使用合适的面向对象语言来实现系统了。

UML 的应用贯穿在系统开发的每个阶段。

(1) 需求分析:UML 的用例视图可以表示客户的需求。通过用例建模可以对外部的角色以及它们所需要的系统功能建模。角色和用例是用它们之间的关系、通信建模的。每个用例都指定了客户的需求。不仅要对软件系统进行分析,对商业过程也要进行需求分析。

(2) 分析:分析阶段主要考虑所要解决的问题,可用 UML 的逻辑视图和动态视图来描述。类图描述系统的静态结构,协作图、状态图、序列图、活动图描述系统的动态特征。在分析阶段只为问题领域的类建模,不定义软件系统的解决方案的细节,如用户接口的类、数据库等。

(3) 设计:在设计阶段把分析阶段的结果扩展成技术解决方案。加入新的类来提供技术基础结构——用户接口、数据库操作等。分析阶段的领域问题类被嵌入在这个技术基础结构中,设计阶段的结果是构造阶段的详细的规格说明。

(4) 构造:在构造或程序设计阶段,把设计阶段的类转换成某种面向对象程序设计语言的代码。在对 UML 表示的分析和设计模型进行转换时,最好不要直接把模型转化成代码。因为在早期阶段,模型是理解系统并对系统进行结构化的手段。

(5) 测试:对系统的测试通常分为单元测试、集成测试、系统测试和验收测试几个不同级别。单元测试是对几个类或一组类的测试,通常由程序员进行;集成测试集成组件和类,确认它们之间是否恰当地协作。系统测试把系统当作一个黑箱,验证系统是否具有用户所要求的所有功能。验收测试由客户完成,与系统测试类似,验证系统是否满足所有的需求。不同的测试小组使用不同的 UML 图作为他们工作的基础,单元测试使用类图和类的规格说明,集成测试典型地使用组件图和协作图,而系统测试使用用例图来确认系统的行为符合这些图中的定义。

3.3　面向对象的分析与设计

在 20 世纪 60 年代末期出现面向对象程序设计的同时,业界正在沿着诸如 COBOL、FORTRAN 之类的语言蹒跚而行,并用功能分解来解决设计与实现问题,极少讨论到面向对象的设计,更不用说面向对象的分析了。过去几十年软件发展的 4 个重大变化,是促进面向对象分析与设计方法迅速发展的重要因素。

(1) 软件领域中面向对象方法的基本概念经历了几十年的成长道路,人们的注意力逐渐从编码问题转移到设计与分析问题。

(2) 构造系统的基本技术变得更加有力,设计思想受预想的如何编码的思想影响,而编码思想受人们可用的程序设计语言的强烈影响。当选用的语言是汇编语言和 FORTRAN 语言时考虑结构化程序设计是很困难的。使用 Pascal、PL/1 和 ALGOL 时,结构化程序设计就容易得多。类似地,当选用 COBOL 或 C 语言进行面向对象的程序设计时也是比较困难的,而用 C++ 则比较容易。

(3) 现代软件系统规模更大、更复杂也更多变,传统的软件分析与设计方法难以满足要求,而面向对象的分析与设计方法将实现比较稳定的系统。另外,现代软件系统更注重系统用户界面的开发,对于此类系统采用面向对象方法进行分析、设计和编码是一种非常自然的途径。

(4)现代软件系统构造比 20 世纪 70 年代和 80 年代更加面向领域,对功能复杂性的关心比以前少,数据建模的优先程度较为适当,问题域模型的理解及系统职能处于较高的优先地位。

尽管面向对象语言取得了令人振奋的发展,但编程并不是软件开发项目失败的主要根源,需求分析与设计问题更为普遍并且更值得解决。因此,面向对象开发技术的焦点不应该只注重编程阶段,而应更全面地考虑软件工程的其他阶段。面向对象方法真正意义和深远的目标是它适合于解决分析与设计期间的复杂性并实现分析与设计结果的重用。面向对象的开发不仅仅是编程,必须在整个软件生命周期采用一种全新的方法,这一观点已被人们所接受。

3.3.1　面向对象分析

面向对象分析,就是抽取和整理用户需求并建立问题域模型的过程。面向对象分析的关键是识别出问题域内的对象,并分析它们之间的关系。面向对象分析的目的是认知客观世界的系统。面向对象分析的工作成果是系统的分析模型。分析模型的作用有两个方面:一是用于在用例模型的基础上进一步明确问题域的需求;二是为参加软件开发的各方提供一个协商的基础。面向对象分析是面向对象方法从编程领域向分析领域发展的产物。通过面向对象分析可以加强开发人员对问题域的理解,改善与软件开发有关的各类人员的交流。

面向对象分析以用例模型作为输入,将得到两种输出模型:对象模型和功能模型。对象模型把系统分解成相互协作的分析类,通过类图、对象图描述对象、对象的属性和对象间的关系。功能模型从用户的角度描述系统提供的服务,也就是描述系统的动态行为。通过时序图、协作图描述对象的交互,揭示对象间如何协作完成每个具体的用例。单个对象的状态变化或动态行为可以通过状态图表达。

3.3.2　面向对象设计

如前所述,分析是提取和整理用户需求,并建立问题域模型的过程;设计则是把分析阶段得到的需求转变成符合成本和质量要求的、抽象的系统实现方案的过程。从面向对象分析到面向对象设计,是一个逐渐扩充模型的过程。或者说,面向对象设计就是用面向对象观点建立求解域模型的过程。

尽管分析和设计的定义有明显区别,但是在实际的软件开发过程中二者的界限是很模糊的。许多分析结果可以直接映射成设计结果,而在设计过程中又往往会加深和补充对系统需求的理解,从而进一步完善分析结果。因此,分析和设计活动是一个多次反复迭代的过程。面向对象方法学在概念和表示方法上的一致性,保证了在各项开发活动之间的平滑(无缝)过渡,领域专家和开发人员能够比较容易地跟踪整个系统开发过程,这是面向对象方法与传统方法比较起来所具有的一大优势。

生命周期方法学把设计进一步划分成总体设计和详细设计两个阶段,类似地,也可以把面向对象设计再细分为系统设计和对象设计。系统设计确定实现系统的策略和目标系统的高层结构。对象设计确定解空间中的类、关联、接口形式及实现服务的算法。系统设计与对象设计之间的界限，比分析与设计之间的界限更模糊。

进行面向对象设计时需要遵循下面一些基本准则。

(1) 模块化。面向对象软件开发模式，很自然地支持把系统分解成模块的设计原理，对象就是模块。它是把数据结构和操作这些数据的方法紧密地结合在一起所构成的模块。

(2) 抽象。面向对象方法不仅支持过程抽象，而且支持数据抽象。类实际上是一种抽象数据类型，它对外开放的公共接口构成了类的规格说明（即协议），这种接口规定了外界可以使用的合法操作符，利用这些操作符可以对类实例中包含的数据进行操作。使用者无须知道这些操作符的实现算法和类中数据元素的具体表示方法，就可以通过这些操作符使用类中定义的数据。通常把这类抽象称为规格说明抽象。

此外，某些面向对象的程序设计语言还支持参数化抽象。所谓参数化抽象，是指当描述类的规格说明时并不具体指定所要操作的数据类型，而是把数据类型作为参数。这使得类的抽象程度更高，应用范围更广，可重用性更高。例如，C++语言提供的"模板"机制就是一种参数化抽象机制。

(3) 信息隐藏。在面向对象方法中，信息隐藏通过对象的封装性实现：类结构分离了接口与实现，从而支持信息隐藏。对于类的用户来说，属性的表示方法和操作的实现算法都应该是隐藏的。

(4) 低耦合。耦合是指一个软件结构内不同模块之间互连的紧密程度。在面向对象方法中，对象是最基本的模块，因此，耦合主要指不同对象之间相互关联的紧密程度。低耦合是优秀设计的一个重要标准，因为这有助于使系统中某一部分的变化对其他部分的影响降到最低程度。在理想情况下，对某一部分的理解、测试或修改，无须涉及系统的其他部分。

如果一个类对象过多地依赖其他类对象来完成自己的工作，则不仅给理解、测试或修改这个类带来很大困难，而且还将大大降低该类的可重用性和可移植性。显然，类之间的这种相互依赖关系是紧耦合的。当然，对象不可能是完全孤立的，当两个对象必须相互联系相互依赖时，应该通过类的协议（即公共接口）实现耦合，而不应该依赖于类的具体实现细节。

(5) 高内聚。内聚衡量一个模块内各个元素彼此结合的紧密程度。也可以把内聚定义为：设计中使用的一个构件内的各个元素，对完成一个定义明确的目的所做出的贡献程度。在设计时应该力求做到"低耦合、高内聚"。

(6) 可重用。软件重用是提高软件开发生产率和目标系统质量的重要途径。重用基本上从设计阶段开始，有两方面的含义：一是尽量使用已有的类（包括开发环境提供的类库，及以往开发类似系统时创建的类），二是如果确实需要创建新类，则在设计这些新类的协议时，应该考虑将来的可重复使用性。

面向对象设计的具体内容主要有 4 个方面，即问题域设计、人机接口设计、任务管理设计和数据管理设计。

(1) 问题域的设计：通过面向对象分析得到的问题域模型，为设计问题域的解决方案打下了良好基础，建立了完整框架。要尽可能地保持面向对象分析所建立的问题域结构。从实现角度对问题域模型做进一步补充或修改，增添、合并或分解类与对象、属性，调整继承关系。当问题域过分复杂庞大时,应该把它进一步分解成若干较小的子系统。设计在分析和实现之间充当桥梁作用,而问题域设计是关键。问题域设计的任务是确定软件系统的架构,尽量保持问题域设计成果的稳定性。设计的变与不变是相对的,只要系统的架构不变,就不会对软件开发进度产生大的影响,确保按时提交符合质量要求的软件产品。

(2) 人机界面的设计:人机界面突出人如何命令系统以及系统如何向用户提交信息,人机界面构建是在问题域的上下文内实现,接口本身表示大多数现代应用的一个特别重要的子系统。面向对象分析模型中包含的使用情景、用户与系统交互时扮演角色的描述等,这些都作为人机界面设计过程的输入。

(3) 任务管理的设计:任务是进程的别称,若干任务的并发执行叫多任务。对一些应用,任务能简化总体设计和代码。独立的任务把必须并发进行的行为分离开,这种并发行为可以在多个独立的处理机上模拟。任务特征的确定可通过了解任务是如何开始而实现,事件驱动和时钟驱动是最为常见的情况,两者都是通过中断激活,但前者接收来自外部资源的中断,而后者则由系统时钟控制。除了任务的开始方式外,还需确定任务的优先级别和临界状态,高优先级别的任务必须具有立即存取系统资源的能力,高临界状态的任务甚至在资源有效性减少或系统处在一个低能操作状态下仍必须继续操作。在确定任务特征后,定义与其他任务协同和通信所需的对象属性和方法。

(4) 数据管理的设计:数据管理部分提供了在数据管理系统中存储和检索对象的基本结构。数据管理包括对两个不同区域的考虑:一个是对应用本身至关重要数据的管理,另一个是建立对象存储和检索的基础。通常数据管理采用分层设计的方式,思想是从处理系统属性的高级需求中分离出操纵数据结构的低级需求。通常有三种主要的数据管理方法:普通文件、关系型数据库管理系统和面向对象数据库管理系统。

从方法学上看,由于面向对象的分析和设计方法按适合人们的思考方式进行系统的分析与设计,使得从面向对象的分析到设计不存在概念和表达的转换问题。面向对象的分析与设计都是基于相同的面向对象基本概念,因此从面向对象的分析到面向对象的设计是一个累进的模型扩充过程。

3.4　面向对象实现

面向对象实现就是用某种面向对象程序设计语言把面向对象设计成果转化为用户可使用的软件产品。

从1951年到2014年,人类一共发明了256种编程语言,每一种语言的出现都带有某些新特征。1967年诞生的第一个面向对象语言Simula 67,是面向对象程序设计(Object Oriented Programming,OOP)的鼻祖,它提出了对象的概念并且支持类和继承。随后相继出现了Smalltalk、C++、Java、C♯等面向对象的编程语言。C++、Java对面向对象的程序设计思想的传播起到了非常重要的作用。C♯和ASP. NET、PHP、JavaScript、Python、Ruby、Groovy、Go等这些编程语言都声称支持面向对象编程。

每一种语言都有它的特点和不足,没有一种语言是万能的。本书不打算比较各种语言的孰优孰劣,仅给出几个常用语言的应用领域。

3.4.1 C++

C++的应用领域主要集中在以下几个方面。

游戏：C++具有超高效率，而且近年来 C++凭借先进的数值计算库、泛型编程等优势，在游戏领域应用很多。目前，除了一些网页游戏，很多游戏软件客户端都是使用 C++开发的。

网络软件：C++拥有很多成熟的用于网络通信的库，其中最具有代表性的是跨平台的、重量级的 ACE 库，该库可以说是 C++语言最重要的成果之一，在许多重要的企业、部门甚至是军方都有应用。

数字图像处理：这个也是发展很快的计算机领域，目前各种数字地球、数字城市、虚拟地理环境等方面，出现了大量的数字图像处理，C++在数字图像处理编程中具有很大的优势。

科学计算：在科学计算领域，FORTRAN 是使用最多的语言之一。但是近年来，C++凭借先进的数值计算库、泛型编程等优势在这一领域也应用颇多。

嵌入式系统：因为 C++具有很高的效率，而且保持对 C 语言的兼容性，能使底层平台有很高的效率，同时具有很大的灵活性，使得它在底层开发中具有优势。

系统级软件：例如，操作系统。在该领域，C 语言是主要使用的编程语言。但是 C++凭借其对 C 的兼容性、面向对象性质，也开始在该领域崭露头角。

C++的应用范围很广，在某些对硬件、操作系统或速度有要求的应用中，C++仍是首选。

3.4.2 Java

Java 的应用领域很广，它包含三个版本：Java ME、Java SE 和 Java EE。这三个版本对应于 Java 应用的三大领域。

Java ME：是一种高度优化的 Java 运行环境，主要针对消费类电子设备，例如蜂窝电话和可视电话、数字机顶盒、汽车导航系统等。是为机顶盒、移动电话和 PDA 之类嵌入式消费电子设备提供的 Java 语言平台，包括虚拟机和一系列标准化的 Java API。Java ME 技术在 1999 年的 JavaOne Developer Conference 大会上正式推出，它将 Java 语言的与平台无关的特性移植到小型电子设备上，允许移动无线设备之间共享应用程序。今天，不止是桌面上的计算机、手中的电话、汽车中的通信设备、家中的冰箱、洗衣机等都将连入互联网，这是一个移动的互联网。J2ME(Java2 平台微型版)就是 Java 程序在这些连接设备上的执行平台和开发环境，其基本思想和 J2SE 类似，就是在各种设备上安装适合它的 Java 虚拟机，应用程序则在虚拟机之上运行。

Java SE：用于开发和部署桌面、服务器以及嵌入设备和实时环境中的 Java 应用程序。Java SE 包括用于开发 Java Web 服务的类库，同时，Java SE 为 Java EE 提供了基础。Java SE 是 Java 平台的核心。

Java EE：用于开发和部署可移植、健壮、可伸缩且安全的服务器端 Java 应用程序。Java EE 是在 Java SE 的基础上构建的，它提供 Web 服务、组件模型、管理和通信 API，可以用来实现企业级的面向服务体系结构(Service-Oriented Architecture，SOA)和 Web 2.0 应用程序。目前流行的企业级 B/S(Browser/Server，浏览/服务器)架构的应用主要是用 Java EE/JSP 和 C♯/ASP.NET 开发的。

3.4.3   C♯和 ASP.NET

C♯是微软公司发布的一种面向对象的、运行于.NET Framework 之上的高级程序设计语言。C♯看起来与 Java 有着惊人的相似；它包括诸如单一继承、接口、与 Java 几乎同样的语法和编译成中间代码再运行的过程。但是 C♯与 Java 有着明显的不同，它借鉴了 Delphi 的一个特点，与 COM（组件对象模型）是直接集成的，而且它是微软公司.NET Windows 网络框架的主角。C♯主要用于桌面应用程序的开发，它和 ASP.NET 一起，就像 Java 和 JSP 一样，是 Web 应用程序开发的主力。

3.4.4   PHP

PHP（Hypertext Preprocessor，超文本预处理器）是一种通用开源脚本语言。PHP 语法吸收了 C 语言、Java 和 Perl 的特点，易于学习，使用广泛，主要适用于 Web 应用开发领域。PHP 独特的语法混合了 C、Java、Perl 以及 PHP 自创的语法。它可以比 CGI 或者 Perl 更快速地执行动态网页。用 PHP 制作出的动态页面与其他的编程语言相比，PHP 是将程序嵌入到 HTML（标准通用标记语言下的一个应用）文档中去执行，执行效率比完全生成 HTML 标记的 CGI 要高许多；PHP 还可以执行编译后代码，编译可以达到加密和优化代码运行，使代码运行更快。

3.4.5   JavaScript

JavaScript 是一种直译式脚本语言，是一种动态类型、弱类型、基于原型的语言，内置支持类型。它的解释器被称为 JavaScript 引擎，为浏览器的一部分，广泛用于客户端的脚本语言，最早是在 HTML（标准通用标记语言下的一个应用）网页上使用，用来给 HTML 网页增加动态功能。主要应用于 Web 应用开发领域。

3.4.6   Python

Python 是一种面向对象、解释型计算机程序设计语言，由 Guido van Rossum 于 1989 年发明，第一个公开发行版发行于 1991 年。Python 具有丰富和强大的库。它常被昵称为胶水语言，能够把用其他语言制作的各种模块（尤其是 C/C++）很轻松地连接在一起。常见的一种应用情形是，使用 Python 快速生成程序的原型（有时甚至是程序的最终界面），然后对其中有特别要求的部分，用更合适的语言改写，比如 3D 游戏中的图形渲染模块，性能要求特别高，就可以用 C/C++重写，而后封装为 Python 可以调用的扩展类库。

3.4.7   Ruby

Ruby 是一种简单快捷的面向对象脚本语言，主要应用于 Web 应用开发领域。

3.4.8   Groovy

Groovy 是一种基于 JVM（Java 虚拟机）的敏捷开发语言，它结合了 Python、Ruby 和

Smalltalk 的许多强大的特性，Groovy 代码能够与 Java 代码很好地结合，也能用于扩展现有代码。由于其运行在 JVM 上的特性，Groovy 可以使用其他 Java 语言编写的库。Groovy 是一种脚本语言，可以很好地与 Java 结合编程。该语言特别适合与 Spring 的动态语言支持一起使用，设计时充分考虑了 Java 集成，这使 Groovy 与 Java 代码的互操作很容易。主要应用于 Web 应用开发领域。

3.4.9　Go

Go 语言是谷歌公司 2009 年发布的第二款开源编程语言。

Go 语言专门针对多处理器系统应用程序的编程进行了优化，使用 Go 编译的程序可以媲美 C 或 C++ 代码的速度，而且更加安全、支持并行进程。它是一种通用型的语言，可以用来开发任何软件——从普通应用到系统编程。虽然这种语言还不成熟，各种语言特征和规格还在变化，但程序员如今已经用它来进行软件开发工作了。能否像一些技术分析家所说的那样——“Go 将最终完全替代 Java”，我们将拭目以待。

3.5　UML 对面向对象开发的支持

按照软件的生命周期，可以把面向对象软件开发过程分为：需求分析、面向对象分析、面向对象设计、面向对象实现 4 个主要阶段。UML 提供了对需求分析、面向对象分析、面向对象设计的支持。软件开发实践中仍然存在“重实现，轻建模”的现象。这个现象产生的原因，一是除了实现的工作以外，又增加了建模的工作，工作量加大了；二是建模和实现没有能够很好地衔接。IBM RSA 是基于 Eclipse 的，提供了从建模到实现的较好衔接，并且支持模型驱动的开发。

3.5.1　用例模型

用例模型描述的是外部执行者所理解的系统功能。用例模型用于需求分析阶段，它的建立是系统开发者和用户反复讨论的结果，表明了开发者和用户对需求规格达成的共识。首先，它描述了待开发系统的功能需求；其次，它将系统看作黑盒，从外部执行者的角度来理解系统；第三，它驱动了需求分析之后各阶段的开发工作，不仅在开发过程中保证了系统所有功能的实现，而且被用于验证和检测所开发的系统，从而影响到开发工作的各个阶段和 UML 的各个模型。用例模型从用户角度描述系统功能，并指出各功能的操作者。

用例模型描述了一个系统的功能需求，主要包括系统要实现的功能（用例）、环境（参入者）以及用例与参加者之间的关系。用例与参加者之间的关系可以用用例图来表示，用例图中可以包含事件流的文字说明，以及参入者和系统之间的交互信息等。对于一些比较复杂的系统，还可以使用活动图来表示用例中的事件流。

3.5.2　分析模型

分析模型描述了正在建模的系统或应用程序的结构。它包括描述用例模型中所确定的功能需求的逻辑实现的类和序列图。

　　分析模型确定出系统中的主要类,并且包含一组描述系统如何构建的用例实现。类图通过利用原型对系统的功能部分建模,对系统的静态结构进行描述。序列图通过描述用例中事件执行时的流对用例进行实现。这些用例实现对系统的一些部分如何在具体用例环境中交互进行建模。

　　分析模型描述了系统的逻辑结构,因而它是设计模型的基础。

3.5.3　设计模型

　　设计模型是基于分析模型的,它向系统的实际实现中添加了详细信息。设计模型通过使用各种图(包括时序图、状态机图、组件图和部署图),详细地描述了应用程序是如何构成,以及如何实现的。它还描述了程序设计构想及技术,例如那些用于持久性、部署、安全,及记录的内容。

思考题

1. 什么是面向对象方法学? 与其他软件开发方法相比较,它有什么特点?
2. 什么是对象? 它与传统的数据有何异同?
3. 什么是类、继承和多态?
4. 什么是模型? 开发软件为什么要建模?
5. 简述面向对象分析的基本过程。
6. 简述面向对象设计的基本过程。
7. 简述面向对象程序设计的基本特征。
8. 简述常用面向对象分析和设计方法的异同。
9. 简述 UML 与面向对象分析与设计的关系。

第 4 章
业务需求建模阶段的 UML 图

知识目标
- 掌握什么是业务需求建模；
- 掌握业务需求分析阶段的用例模型的概念与用途；
- 掌握业务需求分析阶段的用例图的概念与用途；
- 掌握业务需求分析阶段的活动图的概念与用途。

技能目标
- 能够使用 RSA 绘制用例图；
- 能够使用 RSA 绘制活动图。

利用 UML 建造系统时，在系统开发的不同阶段有不同的模型，并且这些模型的目的是不同的。在需求分析阶段，业务需求模型的目的是捕捉系统的需求，建立"现实世界"的类和协作的模型。用例图是由软件需求分析到最终实现的第一步，它描述客户希望如何使用一个系统。用例图从用户的角度而不是开发者的角度来描述对软件产品的需求，分析产品所需的功能和动态行为。因此，在整个软件开发过程中，用例图是至关重要的，它的正确与否直接影响用户对最终产品的满意程度。而在业务需求分析阶段生成的 UML 元素分别是用例图和活动图，本章描述了用例图和活动图的绘制方法及它们自己的内部联系。

4.1 什么是业务需求建模

业务需求（Business Requirements）是从客户角度提出的对系统的要求，一般也称为初始需求。一般用用例模型来描述这样的目标系统的功能需求，它将用户和开发人员之间的契约以模型方式加以说明。用例模型主要包括系统要实现的功能（用例）、环境（参与者）及用例和参与者之间的关系。用例和参与者之间的关系可以用用例图来表示，可以包含事件流的文字说明及参与者和系统之间的交互信息等。同时，对于比较复杂的系统，可以使用活动图来表示用例中的事件流。

用例模型具备简单、直观的特性，因此客户可以很容易理解用例模型所表达的内容，客户和开发人员（需求分析人员）可以将用例模型作为载体来讨论系统的功能和行为。用例模型在创建与项目的初始阶段，用来勾画系统的大致轮廓。随着对需求的深入理解及与用户不断沟通交流，进一步对用例进行细化，并根据实际需要，加入一些前期没有被标识出来的用例。

4.1.1　创建用例模型

创建用例模型的步骤如下。

（1）在"建模"透视图中，右击项目资源管理器中的项目，选择"新建"→"UML 模型"，如图 4.1 所示。

图 4.1　新建 UML 模型

（2）在弹出的对话框"从以下项创建新的模型"选项组中选择"标准模板"，单击"下一步"按钮，如图 4.2 所示。

图 4.2　创建标准模型

（3）选中"类别"列表框中的"需求"，然后在"模板"列表框中选择"用例包"，输入模型的文件名，并可通过单击"浏览"按钮选择保存的目标文件夹，单击"完成"按钮，如图 4.3 所示。

（4）在工作区生成了用例模型的模板，如图 4.4 所示。

图 4.3　UML 模型的类别和模板

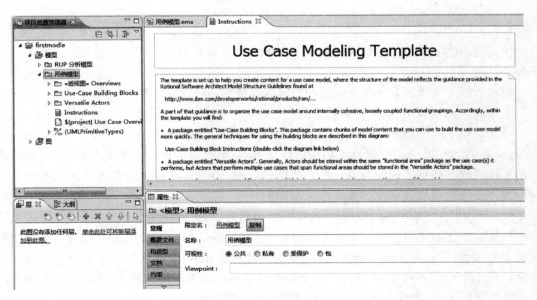

图 4.4　用例模型的模板

建立了用例模型后,需要检查它是否是一个好的用例模型,一般检查下面几点。

(1) 该用例模型是否可理解;

(2) 能否清晰看出系统功能与用例模型之间的关系;

(3) 是否满足所有的功能需求;

(4) 是否包含多余的行为;

(5) 包的划分是否正确。

4.1.2　用例模型的组织结构

RSA 生成的用例模型的结构和内容如图 4.5 和图 4.6 所示。UML 项目由两个包组成,分别是"图"和"模型"。

图 4.5　用例模型的组织　　　　图 4.6　用例模型的内容

图:包含该项目的所有 UML 图,每个 UML 图又可以根据不同类型和用途放在不同的子包中。

模型:包含该项目下所有的模型,如"用例模型"、"分析模型"等。

下面介绍用例模型包含的内容。

(1)《透视图》(Overviews):包含对该用例模型的整体介绍,其中子元素 Actors Overviews 存放的是与该用例模型相关的参与者,小型应用可以放入所有的参与者,对大型应用可以只放一些重要的参与者;而子元素 Context Diagram 存放的是该用例模型下重要的用例,同样地,可以选择性地放入相关的用例。

(2) Use-Case Building Blocks:包含一些通用的、可重复使用的模板,通过复制和修改这些模板能快速创建用例模型。在子包模板 ${function. area}下可以加入与同一个功能相关的多个用例,子包 ${function. area}是对用例按功能分组,如果用例不多也可不必按功能分组;子包模板 ${use. case}包含用例对应的活动图。如果用例较复杂,可能需要有相关的活动图进行描述,需创建多个 UML 图,通过复制它能提高用户的工作效率。

复制模板的步骤如下。

在按住 Ctrl 键的同时,选择要被复制的模板($ {function. area}或$ {use. case}),将模板拖动到想要放置的位置;然后,右击新创建的模型元素,选择"查找/替换",选择相应的命令完成重命名,如图 4.7 所示。

（3）Versatile actors:可以放入在不同功能中都用到的参与者。

前面介绍了 RSA 用例模型的组织结构,下面对用例模型中两个主要的 UML 图——"用例图"和"活动图"进行详细的描述。

图 4.7 复制模板创建用例

4.2 业务需求建模阶段的 UML 图

业务需求建模阶段应该绘制哪些 UML 图? 不同的公司可能有不同的选择。按照 RUP 最佳实践,业务需求建模阶段应该包含用例图和活动图。在绘制用例图和活动图之前,必须先创建用例模型。在 4.1 节中创建用例模型时,选择用例包模板就是选择了遵循 RUP 最佳实践。

4.2.1 用例图

1. 知识精讲

用例图(Use Case Diagram)是由软件需求分析到最终实现的第一步,它从用户的角度来描述系统所实现的功能,标明了用例的参与者,确定参与者和用例之间的关联关系。用例图显示谁将是相关的用户、用户希望系统提供什么服务,以及用户需要为系统提供什么输入,以便使系统的用户更容易地理解这些元素的用途,也便于软件开发人员最终实现这些元素。

用例图是用例模型的主要组成部分,向外部用户展示了系统中各个功能部件的行为。它将系统功能划分为对参与者有意义的活动,而系统与参与者之间相互发送消息被称为交互。图 4.8 表示了一个简单的用例图,其中参与者是用人形来表示,用例用椭圆来表示,它们之间的关系则用连线来表示。

图 4.8 用例图

用例图包含两个主要元素:参与者和用例。下面分别说明了如何识别参与者和用例。

识别参与者:可以通过回答下面的问题识别参入者

（1）是否所有的参与者都被识别出来;

（2）是否每个参与者至少有一个相关的用例;

（3）是否每个参与者真的只有一个职责,参与者是否可以被拆分或合并;

（4）在同一个用例的两个参与者中,他们的职责是否是一样的;

（5）每个参与者是否都有一个清楚的、可清晰描述其职责的名字,系统的用户或客户是否能理解这个名字。

识别用例:可以通过回答下面的问题识别用例

（1）每个用例是否都独立;

（2）用例中是否具有相同的或者类似的时间流；

（3）所有用例的目标是否明确；

（4）系统的用户或者客户是否能理解这些用例的含义。

1）参与者

参与者是独立于系统而存在的外部实体，参与者通过使用系统提供的服务与系统产生关联。参与者可以是一个人、一个组织、一台机器甚至是一个外部系统。多人可以是同一个参与者，同一个人也可以充当多个参与者，因此，常用角色指代参入者。在 UML 中，参与者用人形来表示，参入者的名称写在图的下方。由于参与者在与系统交互过程中可以同时或不同时扮演多个角色，所以最好用业务相关的名字来命名参与者，同时为参与者添加必要的简短说明。

创建参与者的步骤：右击待创建用例的包，选择"添加 UML"，在里面选择"参与者"，如图 4.9 所示；或在已经创建好的用例图中，在右边的选用板视图单击"用例"选用板，选择"参与者"，如图 4.10 所示。

图 4.9　菜单创建参与者　　　　　图 4.10　用例选用板创建参与者

2）用例

用例是外部可见的系统功能单元，代表一个系统或者组件，甚至可以是一个类的功能。用例是对一组场景共同行为的抽象，简单地说，就是要表达"做什么"，用例的目的只是定义系统的一系列连贯行为，而不应该描述如何实现系统。

每个用例都有一个名字来唯一标识它，这个名字应该概括这个用例的功能。用例的名字可以分为简单名和路径名。简单名一般用名词加描述系统功能的动词，如用户注册、身份验证、管理留言等，路径名是在简单名前面加上用例所属的包名，如 Admin：：ProfileChang 等。

每个用例描述了系统的一个相对独立的功能模块，但有时由于与其他用例发生某种隐含的依赖关系，可能会相互交错进行。对于比较重要或复杂的用例，可以用活动图和序列图来详细描述它的动态执行过程，也可在用例文档中来加以说明。

创建一个用例的步骤：右击待创建用例的包，选择"添加 UML"，在里面选择"用例"，如图 4.11 所示；或在已经创建好的用例图中，在右边的"选用板"视图中，单击"用例"抽取器，选择"用例"，即可生成如图 4.12 所示的用例。

3）参入者之间的关系、参入者与用例之间的关系、用例间的关系

（1）参与者之间的泛化关系

参入者是一种类，因此，参入者与参入者之间存在泛化关系。例如，在软件系统开发过程中，系统分析师（子类）和项目经理（子类）都属于系统设计师（父类），他们都承担了系统设

图 4.11 菜单创建用例 　　　　图 4.12 选用板创建用例

计师的部分工作。我们说,系统设计师是系统分析师和项目经理的泛化。用 UML 图表示这种泛化关系,如图 4.13 所示。

（2）参入者与用例之间的关联关系

参与者与用例之间通常用关联关系来描述,一般使用带箭头的实线来表示,如图 4.14 所示。

图 4.13 参与者之间的泛化关系 　　　图 4.14 关联关系

（3）用例之间的泛化关系

在用例的泛化关系中,子用例表示父用例的特殊形式。子用例从父用例继承行为和属性,还可以添加自己的行为和属性,或覆盖所继承的父用例的行为。如果系统中一个或几个用例是某个一般用例的特殊化时,就需要使用用例的泛化关系。

在 UML 中,用带空心箭头的实线来表示泛化关系,箭头的方向指向父用例,如图 4.15 所示。

（4）用例之间的包含关系

一个用例可以包含其他用例具有的行为,并把它所包含的用例行为作为自身用例的一部分,这种用例间的关系被称为包含关系。包含关系

图 4.15 用例之间的泛化关系

把几个用例的公共部分分离成一个单独的被包含用例。通常,把包含用例称为客户用例,被包含用例称为提供者用例。用例间的包含关系允许提供者用例的行为参入客户用例的事件中,使得一个用例的功能可以在另一个用例中使用。

建立包含关系的情况一般有两种,一种是两个以上用例有大量一致的功能,可以把这个功能分解到另一个用例中,其他用例可以和这个用例建立包含关系;另一种是一个用例的

功能太多时可以用包含关系建模两个小用例。

在使用包含关系时,必须在客户用例中说明提供者用例行为被包含的详细位置,如图 4.16 所示。

图 4.16　包含关系

(5) 扩展关系

扩展关系是把新行为插入到已有用例中,基础用例提供了一组扩展点,在这些新的扩展点上可以添加新的行为,而扩展用例提供了一组插入片段,能被插入到基础用例的扩展点上。基础用例不必知道扩展用例的细节,仅为其提供扩展点。

事实上,基础用例没有扩展用例也是完整的,只有特殊条件发生时,扩展用例才被执行。扩展关系为处理异常或构建灵活的系统框架提供了一种十分有效的方法,如图 4.17 所示。

图 4.17　扩展关系

2. 操作演示

RSA 用例图的 UML 元素可以在用例选用板上找到:用例、参与者、包、包含、关联、注释等,如图 4.18 所示。

图 4.18　用例选用板

表 4.1 列出了用例选用板上按钮的图标、名称及作用。

表 4.1 用例图选用板说明

图 标	名 称	作 用
🗀	包	创建包
⬭	用例	创建用例
⚟	参与者	创建参与者
⮥	包含	创建包含关系
⮥	扩展	创建扩展关系
↗	泛化关系	创建泛化关系
╱	关联	创建关联关系
↗	定向关联	创建定向关联关系
⬚	选择	选择某元素
🔍	放大	放大某元素
🔍	缩小	缩小某元素
▭	注释	对某元素添加注释
▤	文本	添加文本文字
📝	注释附件	对某元素添加注释附件文件

实例 1：在 RSA 中绘制参与者及用例

（1）选择用例图所属的包，右击，选择"添加图"→"用例图"。

（2）打开用例图的编辑区后，在右边的用例选用板中选择 "参与者"图标，并在编辑区中单击，即可绘制参与者，如图 4.19 所示。

（3）使用相同的方法添加用例，如图 4.20 所示。如需对 用例进行排列，先选择需要排列的用例，在工具栏中单击"对 齐"按钮，如图 4.21 所示。根据实际情况对选中的元素进行 对齐。

图 4.19 绘制参与者

图 4.20 绘制用例　　　　　图 4.21 对齐用例

实例 2：在 RSA 中为用例之间建立关联

（1）新建一个用例图或打开已有的用例图。

（2）单击关联图标下的"定向关联"按钮,把两者连接起来,如图4.22所示。

（3）如果关联的线条不是直线,如图4.23所示,为了美观或便于观看,有时需要把这样的弯曲带有角度的线条转换为斜线,选中连接符线条后,单击工具栏中的 或 右边的箭头,如图4.24所示,把连接符的样式更改为倾斜样式,修改后如图4.25所示。

图4.22　创建参与者与用例之间的关联

图4.23　默认关联样式

图4.24　样式路由

图4.25　修改样式

3. 课堂实训

以"图书管理系统"为例,首先确定了读者（借阅者）是参与者,读者可以登录系统查询所需要的书籍,查到所需书籍后借阅图书或还书,如已被借走可进行预约图书。在RSA中,该读者及相关用例图绘制步骤如下。

1）绘制参与者

（1）在"用例选用板"中选择"参与者"图标 。

图4.26　绘制参与者

（2）在编辑区要绘制的地方单击,即可绘制参与者,对其重命名即可。

如图4.26所示,绘制了"读者"参与者。

2）绘制用例

（1）在"用例选用板"中选择用例图标 ⬭ 。

（2）在编辑区要绘制的地方单击,即可绘制用例,对其重命名即可,如需多个用例,则重复操作。

在图4.27中,绘制了借阅图书"、"归还图书"等用例。

图4.27　绘制用例

3）为参与者与用例建立关联关系

（1）在"用例选用板"中选择定向关联图标 ↗。

（2）在参与者与用例之间拉出一个箭头,箭头指向用例,即可建立定向关联关系。

如图4.28所示,为"读者"与借阅图书"、"归还图书"等用例建立了关联关系。

4）为参入者"读者"建立泛化关系

（1）建立两个子参与者"学生"、"教师"，在"用例选用板"中选择泛化关系图标↗。

（2）在参与者"读者"与两个子参与者"学生"、"教师"之间拉出带空心的箭头，箭头指向读者。

如图 4.29 所示，绘制了"教师"、"学生"两个子参与者与"读者"的泛化关系。

图 4.28　建立关联关系　　　　图 4.29　建立泛化关系

5）建立包含关系

（1）建立客户用例"新建读者信息"、"查看读者信息"、"更改读者信息"、"删除读者信息"用例，提供者用例"查找读者"。

（2）在"用例选用板"中选择↗包含关系，在客户用例和提供者用例之间拉出一条虚线，关系的说明是包含关系。

如图 4.30 所示，绘制了客户用例和提供者用例之间的包含关系。

图 4.30　建立包含关系

6）为"归还图书"用例建立扩展关系

（1）建立扩展用例"缴纳罚款"和被扩展用例"归还图书"。

（2）在"用例选用板"中选择 扩展关系，在扩展用例和被扩展用例之间拉出一条带箭头的虚线，箭头指向被扩展用例"归还图书"，关系的说明是扩展关系。

如图 4.31 所示，绘制了"归还图书"用例和"缴纳罚款"用例及其扩展关系。

7）添加注释

在"用例选用板"中选择 注释图标，在需要注释的用例旁单击即可。

如图 4.32 所示，添加了"查询记录"用例的注释。

图 4.31　建立扩展关系　　　　　图 4.32　添加注释

8）绘制完成

读者和图书管理员以及相关用例图如图 4.33 所示。

图 4.33　完成后的读者和图书管理员及相关用例

4.2.2　活动图

1. 知识精讲

对于系统比较复杂的用例，仅用用例图只能说明系统应该做什么，不能详细说明实现的具体步骤。所以需要使用活动图来描述系统活动、判定点和分支等，使用工作流来描述活动的顺序，每个活动都代表工作流的一组动作的执行。

用例建模阶段使用的活动图（Activity Diagram）是为了显示一个用例中的控制流和数据流。活动图是由操作（Action）节点，以及连接各个操作节点的控制流或者输出流节点组成的。活动图主要由操作顺序、控制流、决策和合并等组成。

在建立用户模型的时候，活动图可以用来对业务流程进行建模；在分析设计阶段，也可以对某个分类器（Classifier）的行为进行建模。

活动图的起点用实心圆表示，终点用半实心圆表示，而活动用圆角矩形表示，一个活动结束自动引发下一个活动，在两个活动之间用箭头的连线来连接；连线的箭头指向下一个活动，表示控制流的转换；活动图包括决策与合并、派生与连接等模型元素。活动图模型如图 4.34 所示。

在系统建模中，活动图能附加到大多数建模元素（如用例、类、接口、节点、协作、操作与方法等）中来描述其动态行为，最常见的是向一个操作附加一个活动图，一般遵循下面的过程。

图 4.34　活动图示例

（1）分析此操作涉及的类或对象，包括操作的输入、输出参数、类的属性及相关类。

（2）分析该操作的前置和后置条件。

（3）从操作的初始状态开始，说明按时间顺序所发生的活动或动作。

（4）使用决策和合并节点来说明条件路径和迭代。

（5）仅当这个操作属于一个主动类时，才在必要的时候使用分叉和汇合来说明并行的控制流。

UML 的活动图中包含的图形元素有操作、活动状态、动作流、分支与合并、分叉与汇合、分区和对象流等，如图 4.35 所示。

图 4.35　活动图基本元素及展开后元素

1）操作

操作是活动图中最基本的构成符号，它表示执行工作流中指定的命令。一个操作执行完毕后根据结果再转入下一个操作或终结状态。

在 UML 中,操作使用圆角矩形表示,名称写在圆角矩形的内部,如图 4.36 所示。一般来说,用例需求所创建的标题会映射为用例必须执行的一个操作,它允许在多处出现。

操作具有以下特点。

(1) 原子性:它是构成活动图的最小单位。

(2) 不可中断性:一旦开始运行就不能中断,一直运行到结束。

(3) 瞬时性:所需要的处理时间很短,有时甚至忽略不计。

图 4.36　操作的表示

2) 控制流

一个操作完成后会转到下一个操作继续执行,控制流则描述了这样的顺序转移的过程。

在 UML 中,控制流表现为一个有方向的箭头。活动图开始于初始状态,然后自动转移到第一个操作来执行,一旦该操作所说明的工作结束,控制就自动转换到下一个操作,不断重复后直到遇到分支或终结状态,如图 4.37 所示。

图 4.37　控制流

3) 决策与合并

在传统的流程图中,分支描述了在不同条件下程序不同的执行流程。在 UML 中,用决策与合并来实现分支功能,它们都是使用一个菱形来表示,如图 4.38 所示。

决策表示一个操作执行后根据不同的条件选择后续执行的操作。决策可以有一个进入控制流和多个输出控制流,每个输出控制流都有一个与之关联的条件,当条件为真的时候,输入路径才有效。在所有输出控制流中,条件不能重复,而且应该覆盖所有的可能性。

合并功能则相反,它表示多个执行分支的汇合。合并可以有多个进入控制流和一个输出流。各个控制流没有对应的条件,无论控制权从哪个控制流进入,都将从相同的输出控制流离开。

图 4.38　决策与合并

4) 派生与连接

在建模过程中,可能会遇到多个可以并行执行的操作。可以使用派生把工作流分成多个并发执行的流,或可以使用连接来同步这些并发流。在 UML 中,它们都是使用一条加粗的线段来表示。

派生节点有一个流入的控制流和多个流出控制流,所有流出的控制流都是独立执行的操作序列。连接节点有多个流入控制流和一个流出控制流,所有流入控制流到达连接节点时,操作才能继续下去,如图 4.39 所示。

5）分区

活动图的活动分区可以把一些公共的特性进行分组，一般可以按参与者来划分或按应用程序的层次划分。每个活动分区都有唯一的名字，它可以是水平或垂直的，每个操作只能明确地属于一个活动分区，控制流可以在分区之间传递，简单的例子如图4.40所示。

6）对象流

对象流描述了操作和对象之间的关系。把某个操作涉及的对象放置在活动图上，并用一个依赖将这些对象连接到对它们进行创建、修改和销毁的操作上，这样的依赖关系与对象的转换称为对象流。

图4.39　派生与连接

在RSA中，对象用矩形来表示，矩形里面是对象的名称，名称下方的方括号中列出该对象的状态，还可以在对象名下面加分割栏来表示对象的属性值。在选用板活动图中选择"对象节点"可以创建"中央缓冲区""数据存储""活动参数节点"三种对象节点。选择选用板活动图中"流"图标，连接"操作"节点和"对象"节点可以创建对象流，如图4.41所示。

图4.40　活动分区

图4.41　对象流

7）中央缓存区节点

中央缓存区节点是UML 2.0新引进的节点类型，它通过输入或输出pin和操作相连，多个操作可以在这个缓存区放入对象，或一些操作可以从缓存区提取对象进行处理。

8）数据存储

数据存储是特殊的中央存储区，它把经过它的数据存储起来，与该节点交互的数据都可以被持久化，例如，存储到文件或数据库中。

2．操作演示

实例1：在RSA中创建操作及控制流

（1）在需要创建活动图的用例上右击，选择"添加图"→"活动图"。

（2）打开活动图的编辑区后,在右边的活动图选用板中选择"初始"图标,并在编辑区中单击,绘制出"初始状态",如图4.42所示。

（3）在"活动图选用板"中选择"操作"图标,绘制出"活动1"操作,重复操作,可以绘制多个操作,如图4.43所示。

图4.42　初始状态　　　　　　　　　图4.43　创建多个操作

（4）在"活动图选用板"中选择"最终活动"图标,并在编辑区中单击,绘制出"结束状态",如图4.44所示。

（5）在"活动图选用板"中选择"流"图标,在这些活动节点之间创建流连接,如图4.45所示。

图4.44　结束状态　　　　　　　　　图4.45　控制流

实例2：在RSA中创建具有决策与合并、派生与连接的活动图

（1）要增加决策与合并,在活动图选用板中选择图标 ◆决策 或 合并 ,在绘制区要加入决策与合并的地方单击。由于决策要有一个进入控制流和多个输出控制流,合并有多个进入控制流和一个输出控制流,所以决策与合并要和控制流相结合才有意义。

首先添加4个操作,然后添加决策与合并,并添加控制流。决策与合并的示意图如图4.46所示。

（2）要增加派生与连接,在活动图选用板中选择图标 派生 或 连接 ,在绘制区要加入派生与连接的地方单击。由于派生要有一个进入控制流和多个输出控制流,连接有多个进入控制流和一个输出控制流,所以派生与连接也要与控制流相结合。

首先添加5个操作,然后添加派生与连接,并添加控制流。派生与连接的示意图如图4.47所示。

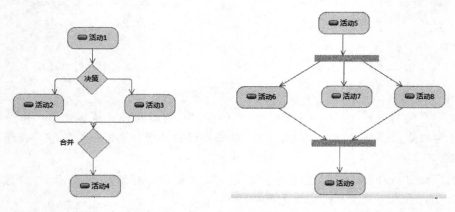

图4.46　决策与合并示意图　　　　　　图4.47　派生与连接的示意图

3. 课堂实训

以"图书管理系统"为例,有明确活动的类包括借阅者、图书管理员和系统管理员等,可以在系统中为它们建立活动图。限于篇幅,在此实训中为图书管理员建立活动图。

首先要理解图书管理员的活动流程:图书管理员"登录系统"后,根据读者的两个并行操作——"还书"或"借书"来分成并发执行的流,"借书"操作中可能有不同条件的选择,如符合条件则更新读者信息为其借书,不符合条件就结束活动;"还书"操作也有不同条件选择,如逾期则缴纳罚款后更新读者信息,没逾期则更新读者信息。

在 RSA 中,该活动图绘制步骤如下。

(1)绘制初始状态和结束状态。

① 在"活动图选用板"中选择"初始"图标● **初始** 和"结束"图标◉ **最终活动**。

② 在活动图编辑区中添加"初始状态"、"结束状态"。

(2)登录系统后有两个并行操作"借书"与"还书"。

① 在"活动图选用板"中选择添加"操作"图标 ▭ **操作**,在活动图编辑区中添加名为"登录系统"的操作。

② 在"活动图选用板"中选择"派生"图标 ▮▮ **派生**,在"登录系统"操作节点下添加一个派生。

③ 再添加两个操作,分别为"借书"和"还书"。

如图 4.48 所示,绘制了多个操作与派生。

(3)为"借书"与"还书"添加不同条件选择后续执行操作的决策。

① 在"活动图选用板"中选择决策图标 ◈ **决策**,在"借书"操作节点下添加一个决策,根据是否能借决定接下来的操作。

② 在"活动图选用板"中选择决策图标 ◈ **决策**,在"还书"下添加一个决策,根据是否逾期决定接下来的操作。

如图 4.49 所示,绘制了多个操作与决策。

(4)绘制完成。

如图 4.50 所示,绘制完成了图书管理员的活动图。

图 4.48 添加操作与派生

图 4.49 添加决策

图 4.50 绘制完成的活动图

思考题

1. 什么是业务需求建模？用什么方法进行需求建模？
2. 如何创建一个用例模型？如何检查一个用例模型的优劣？
3. 什么是用例图？用例图由哪些部分组成？用例间的关系有哪些？
4. 什么是活动图？活动图包括哪些模型元素？

实训任务

按照下面的分析和步骤完成"图书馆管理系统"用例图和活动图的绘制。

任务1　创建用例图

1. 确定系统参与者

识别系统中所涉及的参与者，谁使用该系统的主要功能、谁需要系统支持完成工作、谁是系统管理员及维护者。根据图书馆管理系统的需求分析，可以确定以下信息。

（1）系统管理员可以维护数据库信息。

（2）系统管理员可以对图书管理员信息进行添加、权限设置、查询及删除操作。

（3）图书管理员可以对读者类型信息进行添加、修改及删除操作。

（4）图书管理员可以对读者信息进行添加、修改及删除操作。

（5）图书管理员可以对图书类型信息进行添加、修改及删除操作。

（6）图书管理员可以对图书信息进行添加、修改及删除操作。

（7）读者可以查询、更改自己账户信息。

（8）读者可以借阅、归还、续借、查询图书。

（9）读者可以缴纳罚款。

（10）可以利用校园卡管理系统缴费。

从以上信息可以看出，系统的参与者主要有4种：系统管理员、图书馆管理员、读者、外部系统。

2. 确定系统用例

识别系统中的用例，分析每个参与者是如何使用系统的。在本案例中，可以分别对上述4种参与者：读者、图书馆管理员、系统管理员、外部系统进行分析。

1）读者有关用例

（1）借阅图书

（2）归还图书

（3）续借图书

（4）查询图书

（5）查询自己账户

（6）更改自己账户

（7）缴纳罚款

2）图书管理员有关用例

（1）添加图书信息

（2）修改图书信息

（3）删除图书信息

（4）添加读者账户

（5）删除读者账户

（6）修改读者账户

3）系统管理员有关用例

（1）维护数据库

（2）添加图书管理员账户

（3）删除图书管理员账户

（4）修改图书管理员账户

4）外部系统

校园卡转账

3．绘制用例图

本系统的需求比较复杂，所以为方便管理，把系统用例分为下面的 4 个包。

System Service：包含系统提供读者的服务。

System Administrator：包括与图书管理员相关的用例。

System Maintenance：包括与系统维护相关的用例。

System Common Utilities：包括系统提供的公共用例。

1）System Service 用例的构建

（1）新建用例图。在已建好的模型中，创建一个名为"System Service"的包，可以从模板中创建，创建好的包已经有一张用例图了；也可以直接在包上右击添加用例图，如图 4.51 所示。

图 4.51　新建包和用例

双击打开用例图，可以看到编辑器和选用板如图 4.52 所示。

（2）添加用例的参与者。本用例的参与者包括读者（Reader）和图书管理员（Librarian）。由于它们参与了多个用例，所以创建的位置应该在 Versatile Actors 包中。

图 4.52 用例图编辑器和选用板

右击 Versatile Actors 包，在弹出的菜单中选择"添加 UML"→"参与者"，输入参与者名字；或在用例选用板中选择"参与者"图标，在编辑器中单击即可。创建好的参与者如图 4.53 所示。

图 4.53 添加参与者

还可以通过元素的属性视图对参与者进行修改，如添加文档说明、约束等操作，如图 4.54 所示。

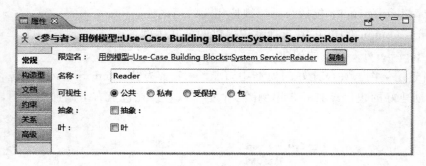

图 4.54 参与者的属性

（3）添加用例与建立关联。

创建好"归还图书"、"借阅图书"、"查找图书"等用例，然后在用例和参与者之间建立关联关系，根据实际情况创建缴纳罚款用例的扩展点，用例间的包含和泛化关系也遵循相似的步骤。

操作方法在 4.2.1 节中已详细介绍，System Service 用例图最终结果如图 4.55 所示。

图 4.55　System Service 用例图

System Service 用例图的名称注释如表 4.2 所示。

表 4.2　**System Service 用例图的名称注释**

名　　称	注　　释
Borrow Book	借阅图书用例
Search Book	查找图书信息用例
Reserve Book	预订图书用例
Update Account	更新账户信息用例
Return Book	归还图书用例
Issue Fine	缴纳罚款用例
Login	登录用例
View Account	查看账户信息用例

2）System Administrator 用例的构建

创建一个新的用例视图，名称为"System Administrator Use Case"（图书管理员用例），其用例图如图 4.56 所示。名称注释如表 4.3 所示。

图 4.56　图书管理员用例图

表4.3　图书管理员用例图的名称注释

名　称	注　释
Librarian	图书管理员
Update Reader Profile	更新读者信息
Delete Reader Profile	删除读者信息
Create Reader Account	创建读者信息
Update Book Information	更新图书信息
Delete Book Information	删除图书信息
Add Book Information	添加图书信息

3) System Maintenance 用例的构建

创建一个新的用例视图,名称为"System Maintenance Use Case",其用例图如图4.57所示。名称注释如表4.4所示。

图 4.57　系统维护用例图

表4.4　系统维护用例图的名称注释

名　称	注　释
SystemAdministrator	系统维护人员
MainDatabase	数据维护用例

4) System Common Utilities 用例的构建

创建一个新的用例视图,名称为"System Common Utilities Use Case",其用例图如图4.58所示。名称注释如表4.5所示。

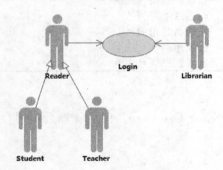

图 4.58　公共用例和参与者

表4.5　公共用例和参与者用例图名称注释

名　称	注　释
Librarian	图书管理员
Reader	读者(学生、教师继承了读者)
Student	学生
Teacher	教师
Login	登录(被多个用例所包含)

任务2:创建活动图

由于篇幅原因,本节将以"借阅图书"的活动图为例,详细介绍活动图的绘制步骤。

(1) 创建活动图。为"借阅图书"(Borrow Book)用例创建活动图,可以在用例图标上右击,在弹出的菜单中选择"添加图"→"活动图",如图4.59所示。把活动图名字改为"Borrow Book Activity Diagram"即可绘制借阅图书的活动图,如图4.60所示。

图 4.59　创建活动图

图 4.60 活动图编辑器

(2)"借阅图书"(Borrow Book)用例的活动图。由于本用例中,参与者是读者,且与系统进行交互,所以确定其活动图的活动分区为"读者"(Reader)与"系统"(System),添加了分区如图 4.61 所示。

图 4.61 添加分区

借阅图书的过程是:首先输入图书的编号来告诉系统需要借哪本书,然后系统查询其信息账户是否允许借书(是否超过最大借阅数、是否有超期图书没归还),如果可以借出,则进行相关的数据库操作并显示借书成功信息;若不能借出,则显示提示信息,如图 4.62 所示。

图 4.62 "借阅图书"活动图

第5章
系统分析建模阶段的 UML 图

知识目标
- 理解什么是系统分析建模；
- 掌握系统分析建模阶段的类图的概念和用途；
- 掌握系统分析建模阶段的顺序图的概念和用途。

技能目标
- 能够使用 RSA 绘制类图；
- 能够使用 RSA 绘制顺序图。

系统分析是实现系统的第一步,其目的是在较高的和抽象的层次上帮助理清需求和设计,在进入细枝末节的详细设计之前,对这个系统要有较深的理解。分析模型关心的是系统是如何被实现的,可以认为分析模型是一个临时的工作产品,它会在设计阶段中变得成熟。

5.1 什么是系统分析建模

明确系统需求后,接下来将进入软件开发过程的系统分析阶段,系统分析和系统设计是紧密相关的,在分析阶段重点关注系统的总体设计。分析模型是系统实现的第一步,有了分析模型,可以在更高层次上分析如何实现系统。分析模型是概念上的抽象分析,并没有和具体的设计模型绑定。在 RSA 中,分析模型和设计模型具有不同侧重点,分析模型以用例模型作为输入,提出更理想化的概念模型来解决问题,但是不涉及具体的实现方法,它力求简洁明了,使得开发人员可以在较短的时间内对系统实现有大概了解;而设计模型是要解决方案的细化问题,需要确定系统中各个类的操作和属性,因此设计模型非常接近真实的代码。

分析模型一个重要的产出物是该系统的架构,它主要关注以下几个方面。
(1) 理解问题;
(2) 理想化的设计;
(3) 系统的行为特征;
(4) 系统的结构;
(5) 功能需求;
(6) 一个小的模型。

设计模型非常接近真实代码,它主要关注以下几个方面。

(1) 理解解决方案；

(2) 操作和属性；

(3) 非功能需求；

(4) 一个大的模型。

本章将讨论分析模型，第6章再讨论设计模型。

分析模型中通常包含类图，在类图中画出分析出来的类，这些类以边界类、实体类和控制类等区分职责，我们以边界类、实体类和控制类为原型进行建模。

在分析模型中也可以包含用例实现，它指的是 UML 的顺序图，用顺序图把用例中所描述的事件流以动态的方式表示出来。

5.1.1　创建分析模型

创建分析模型的步骤和创建用例模型的步骤非常类似，只是在选择模型模板的时候选择"分析模型"即可，步骤如下。

(1) 在"项目资源管理器"中，展开项目，右击项目下的"模型"，选择"创建模型"，如图 5.1 所示。

图 5.1　新建 UML 模型

(2) 在弹出的"创建模型"向导的"创建新模型"对话框中，选择"从以下项创建新的模型"选项组中的"标准模板"，单击"下一步"按钮，如图 5.2 所示。

图 5.2　创建新模型

（3）在弹出的"创建模型"向导的"根据标准模板创建新模型"对话框中，选中"类别"列表框中的"分析和设计"，然后在"模板"列表框中选择"RUP 分析包"，输入模型的文件名，并可通过单击"浏览"按钮选择保存的目标文件夹，完成，如图 5.3 所示。

图 5.3　根据标准模板创建新模型

（4）在工作区生成了分析模型的模板，如图 5.4 所示。

图 5.4　分析模型的模板

5.1.2　分析模型的组织结构

RSA 生成的分析模型的结构和内容如图 5.5 所示，被分成了两个包，分别是"《透视图》Overviews"包和"《modelLibrary》Analysis Building Blocks"包，这两个包提供了一些内建的元素帮助用户快速生成自己的分析模型。

下面介绍分析模型的标准模板包含的内容。

（1）《透视图》（Overviews）包：是对被建模系统的整体介绍，默认情况下包含 4 个图，分别为 Domain Model（领域模型图）、Key Abstrations（关键抽象图）、Key Controller（关键控制图）和 UI 图。

其中，Domain Model 图包含当前分析模型的所有实体类，实体类是带有构造型（《entity》）的分析类；Key Abstrations 图包含该分析模型下对描述系统架构有帮助的重要的分析类；Key Controller 图包含所有控制类，控制类是带有构造型（《control》）的分析类；UI 图则包含所有的边界类，边界类是带有构造型（《boundary》）的分析类，这些类是系统内部和系统外部交互的接口，可以根据边界类来确定系统界面的设计，一般分为

图 5.5　分析模型的组织

三种类型（用户接口边界类、系统接口边界类和设备接口边界类）。

（2）《modelLibrary》Analysis Building Blocks（分析构建包）：包含一些通用的、可以复制到分析模型中的模型元素，用户通过复制和修改这些模型元素可以快速创建自己的模型，包含子包 ${function. area} 和 ${use. case}。

其中，子包 ${function. area} 包含功能相关的一些类和类图，对于有很多分析类的系统，将分析类按功能分组，使得模型结构更清晰。小型项目的分析类不多则不必分组；而子包 ${use. case} 以用例模型中用例的名字命名，它对应用例的实现，在这个用例实现下可以包含类图和顺序图等，使用它可以快速创建自己的用例实现。

（3）分析类模板：分析类有三种，分别是实体类、控制类和边界类。分析模型的标准模板为我们创建了这三种类的模板，开发人员可以从它们开始创建自己的分析类。

前面介绍了 RSA 的分析模型中的组织结构，下面对分析模型中两个主要的 UML 图（类图和顺序图）进行详细的描述。

5.2　系统分析建模阶段的 UML 图

5.1 节中已经按照 RUP 最佳实践，选择"RUP 分析包"模板创建了分析模型。现在就可以绘制 RUP 最佳实践建议的 UML 图——类图和时序图。

5.2.1　类图——静态结构

1. 知识精讲

类图（Class Diagram）是面向对象系统建模中最常用的图，它被用来描述软件系统的静态结构。类图是构建一个系统的蓝图，是绘制其他图的基础，也是用户最常用的 UML 图之一。根据系统复杂性，可以用一个类图来表示整个系统，或者用几个类图来表示系统中的各

个组件。

类图是描述类、接口、协作以及它们之间关系的图,用来显示系统中各个类的静态结构。在绘制类图的过程中,可以把功能相关的类组织到同一个包中,这样能很好地展现系统的层次结构,一个简单的类图模型表示如图 5.6 所示。

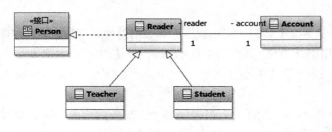

图 5.6　类图模型

静态图可以包括很多类图,静态图用于为软件系统进行结构建模,是构造系统的词汇和关系,而结构模型的可视化就是通过类图来实现的。

类图的用途如下。

(1) 对系统的词汇建模。使用 UML 构建系统通常是从构造系统的基本词汇开始的,以描述系统的边界,即用来决定哪些抽象是建模系统中的一部分,哪些是处于建模系统之外,这是非常重要的一项工作,因为系统最基本的元素就在这里被确定。系统分析师可以用类图详细描述这些抽象和它们的职责。

(2) 对简单协作建模。现实世界中的事物都是普遍联系的,将这些事物抽象成类后,构建软件系统的类很少会孤立存在,它们总是和其他类协同工作,以实现强于单个类的语义。因此,在抽象了系统词汇后,系统分析师可以用类图将它们及之间的联系进行可视化和详述。

(3) 对逻辑数据库模式建模。在设计一个数据库时,通常使用数据库模式来描述数据库的概念设计,数据库模式建模是数据库概念设计的蓝图,可以用类图对这些数据库的模式进行建模。

1) 类

类是 UML 的模型元素之一,它是面向对象系统组织结构的核心。类是对一组具有相同属性、操作、关系和语义的对象的抽象。这些对象包括现实世界中的物理实体、商业事物、逻辑事物、应用事物和行为事物等,甚至还包括纯粹概念性的事物,它们都是类的实例。

类定义了一组有着状态和行为的对象,我们用属性描述状态。属性通常用数据值表示,如数字和字符串;用操作描述行为,方法是操作的实现。对象的生命期则由附加给类的状态机来描述。

在 UML 中,类用矩形来表示,并分为三个部分:名称(Name)部分、属性(Attribute)部分和操作(Operation)部分。其中,顶端的部分存放类的名称,中间存放类的属性、属性的类型及其初始值,底部存放类的操作、操作的参数表和返回类型,如图 5.7 所示。虽然这些部分可以使用像 C++、Java 等编程语言的语法来描述,但实际上,它们的语法是

图 5.7　类的三部分

独立于编程语言的。

（1）类名称

类的名称（ClassName）是每个类必有的构成，用于和其他类相区分。类的名称应该来自系统的问题域，并且应该尽可能的明确，以免造成歧义。因此，类的名称应该是一个名词。

类的名称是一个字符串，可分为简单名称和路径名称。单独的名称即不包含冒号的字符串叫作简单名；用类所在的包的名称作为前缀的类名叫作路径名称。如图 5.8 所示是使用简单名称，图 5.9 所示是使用路径名称，类 Reader 是属于 Analysis Building Blocks 包的。

（2）属性

类的属性（Attribute）是类的一个组成部分，它描述了类在软件系统中代表的事物所具备的特性，这些特性是所有的对象共有的，类可以有任意数目的属性，也可以没有属性。如对学生建模，每个学生都有学号、名字、专业、出生年月等，这些可以作为学生类的属性，如图 5.10 所示。

图 5.8　简单名称　　　　图 5.9　路径名称　　　　图 5.10　类的属性

在 UML 中类的属性的语法为：

[可见性]　属性名　[：类型]　[＝初始值]　[{属性字符串}]

其中，[　]中的部分是可选的。

① 可见性：属性可以具有不同的可见性，其描述了该属性对于其他类是否可见，以及是否可以被其他类引用，而不仅仅是被该属性所在类可见。类中属性的可见性有 4 种：公有（Public）、私有（Private）、受保护（Protected）和包内公有（Package）。

② 属性名：属性名用于标识属性，每个属性都必须有一个名字以区别于类的其他属性。通常属性名由描述所属类的特性的名词或名称短语组成。

③ 类型：属性具有类型，用来说明该属性是什么数据类型。典型的属性类型有整型、布尔型、实型和枚举类型，这些称为简单类型。简单类型在不同的编程语言中有不同的定义，但在 UML 中，类的属性可以使用任意类型，包括系统中的其他类。当一个类的属性被完整定义后，它的任何一个对象的状态都由这些属性的特定值所决定。

④ 初始值：设定初始值有两个好处，用来保护系统的完整性和为用户提供易用性。

⑤ 属性字符串：属性字符串是用来指定关于属性的其他信息，如某个属性应该是永久的。

（3）操作

类的操作（Operation）是对类的对象所能做的事务的抽象。它相当于一个服务的实现，该服务可以由类的任何对象请求以影响其行为。一个类可以有任何数量的操作或者根本没有操作。类的操作必须有一个名字，可以有参数表或返回值。操作通常称为函数，位于类的

内部,并只能应用于该类的对象。如图 5.11 所示,Student(学生)类
有一个名为 attendLecture(上课)的操作。

图 5.11　类的操作

操作由返回类型、操作名、参数列表构成。

在 UML 中类操作的语法为:

　　[可见性]　操作名　[(参数表)]　[:返回类型]　[{属性字符串}]

其中,[　　]中的部分是可选的。

① 可见性:类操作的可见性有 4 种,公有(Public)、私有(Private)、受保护(Protected)
和包内公有(Package)。其中,只要调用对象能够访问操作所在的包,就可以调用可见性为
公有的操作;只有属于同一个类的对象才可以调用可见性为私有的操作;只有子类的对象
才可以调用父类的可见性为受保护的操作;只有在同一个包的对象才可以调用可见性为包
内公有的操作。

② 操作名:操作名是识别操作的标识符,通常用描述类的行为的动词或动词短语标识
操作,操作名的首字母一般用小写。如果包含多个单词,这些单词要合并,并且除了第一个
单词外其余单词的首字母要大写。

③ 参数表:参数表是一些按顺序排列的属性,它定义了操作的输入。参数表是可选
的,即操作不一定必须有参数。如果存在多个参数,要用逗号把各个参数隔开。参数可以具
有默认值,这意味着如果操作的调用者没有提供某个具有默认值的参数的值,那么该参数将
使用指定的默认值。

④ 返回类型:返回类型是可选的,即操作不一定必须有返回类型。绝大部分编程语言
只支持一个返回值,即返回值最多一个。虽然没有返回类型是合法的,但是具体的编程语言
一般要加一个关键字 void 来表示无返回值。

⑤ 属性字符串:如果希望在操作定义中加入一些除了预定义元素之外的信息,就可以
使用属性字符串。

(4) 构造型

类的构造型描述了分析类所扮演的角色。在 RUP 中为分析类定义了三种构造型:实
体类、控制类和边界类。一个简单的具有实体构造型的分析类如图 5.12 所示。

图 5.12　类的构造型

(5) 约束

说明类的职责是消除二义性的一种非形式化的方法,形式化的
方法是使用约束。约束指定了该类所要满足的一个或多个规则。
在 UML 中通过自由文本来描述约束。

2) 接口

接口是在没有给出对象的实现和状态的情况下对对象行为的
描述。接口包含属性定义和方法声明。接口用于描述类或构件所提供的服务。一个类可以
实现一个或多个接口。拥有良好接口的类具有清晰的边界,接口是系统中职责分配的重要
手段。

接口仅作为一些抽象操作来描述,也就是说,多个操作签名一起指定一个行为接口,一
个类通过实现接口可以支持该行为。在程序运行时能让其他对象可以只依赖此接口,而不
需要知道该类的其他信息。

在 UML 中,接口的表示与类的表示类似,所不同的是要给出构造型"《接口》",如图 5.13 所示。

图 5.13 接口

3)类之间的关系

在对现实世界进行抽象的过程中,会发现很少有类是独立存在的,大多数的类以某些方式彼此协作。如果离开了这些类的关系,那么类的模型仅仅是一些代表领域词汇的杂乱矩形方框。因此,在进行系统建模时,不仅要抽象出形成系统词汇的事物,还必须对这些事物间的关系进行建模。

类之间的关系最常用的有 4 种,分别是泛化关系(Generalization)、实现关系(Realization)、依赖关系(Dependency)和关联关系(Association)。

(1)泛化关系

泛化关系是一种存在于一般元素和特殊元素之间的分类关系。其中,特殊元素包含一般元素的所有特征,同时还包含自己的独有特征。那些允许使用一般元素的地方都可以用特殊元素的一个实例来代替,但反过来则不成立。如猫和狗都属于动物,它们都有动物的属性,猫和狗是动物的特殊种类;在图书管理系统中,教师和学生都属于读者,教师和学生分别是两种特殊的读者,教师和学生都具有读者的所有特征。

泛化可以用于类、用例及其他模型元素。虽然实例间接受到类型的影响,但是泛化关系只使用在类型上,而不是实例上,例如,一个类可以继承另一个类,但一个对象不能继承另一个对象。在泛化关系中,一般元素被称为超类或父类,特殊元素被称为子类。

在 UML 中,泛化关系用一条从子类指向父类的空心箭头表示,如图 5.14 所示。类 Teacher(教师)和类 Student(学生)是类 Reader(读者)的子类,它们继承了 Reader 的所有属性和操作,同时也拥有自己特定的属性和操作。

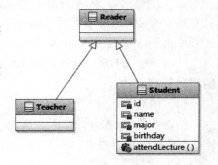

图 5.14 泛化关系

(2)实现关系

实现是规格说明和其实现之间的关系,它通常将一种模型元素与另一个模型元素联系起来。

泛化关系和实现关系都可以将一般描述与具体描述联系起来,但泛化关系是将同一语义层上的元素连接起来,并且通常在同一模型内,而实现关系则将不同语义层内的元素连接起来,通常建立在不同的模型内。在不同发展阶段可能有两个或更多的类等级存在,这些类等级的元素通过实现关系联系在一起。

实现关系通常在以下两种情况下使用。

① 在接口和实现该接口的类之间;

② 在用例以及实现该用例的协作之间。

图 5.15 实现关系

在 UML 中,实现关系的符号与泛化关系的符号类似,用一条带有指向接口的空心三角箭头的虚线表示,如图 5.15 所示,Reader 类实现了 Serializable 接口,这样 Reader 类就可以被序列化到磁盘上。

（3）关联关系

关联关系是一种结构关系，它指明一个事物的对象与另一个事物的对象之间的联系，即描述了系统中对象或实例之间的离散连接。关联的任何一个连接点都叫作关联端，与类相关的许多信息都附在它的端点上。

在 UML 模型中，关联是指两个类元（例如，类或用例）之间的关系，这两个类元用来描述该关系的原因及其管理规则。

关联表示用于将两个类元联系起来的结构关系。与属性相似，关联记录了类元的特性。例如，在两个类之间的关系中，可以使用关联来显示对应用程序中包含数据的类所做的设计决策，还可以显示这些类中的哪些类需要共享数据。可以使用关联的可导航性功能部件来显示一个类的对象如何访问另一个类的对象，或者在自身关联中如何访问同一个类的对象。

图 5.16　关联关系

关联名称描述两个类元之间的关系的性质，通常用一个动词或动词短语命名关联。

在 UML 中，关联关系用一条连接两个类的实线表示，如图 5.16 所示。

图 5.16 中 Reader 表示一个读者，Account 表示一个读者的账户，实线表示读者和自己的账户之间的关联，每个读者都拥有自己的账户。

最普通的关联是二元关联。关联的实例之一是链，每个链由一组对象（一个顺序表）构成，每个对象来自于相应的类，其中二元链包含一对对象，有时同一个类在关联中出现不止一次，这时一个单独的对象就可以与自己关联。

除了关联的基本形式之外，还有 4 种应用于关联的修饰，分别是名称、角色、多重性、导航性和关联类。

① 名称。关联可以有一个名称，用来描述关系的性质，如图 5.17 所示，图中 Reader 类和 Account 类的关联名称是"拥有"，表示每个读者都拥有自己的账户。通常情况下，使用一个动词或动词短语来命名关联，以表明源对象在目标对象上执行的动作，名称以前缀或后缀一个指引阅读的方向指示符来消除名称含义上可能存在的歧义，方向指示符用一个实心的三角箭头表示。

当然，关联的名称并不是必需的，只有在需要明确地给关联提供角色名，或一个模型存在很多关联且要查阅、区别这些关联时，才有必要给出关联名称。

② 角色。角色是关联关系中一个类对另一个类所表示出来的职责。当类出现在关联的一端时，该类就在关联关系中扮演一个特定的角色。角色的名称是名词或名词短语，以解释对象是如何参与关系的，如图 5.18 所示。

图 5.17　关联的名称　　　　　　　　图 5.18　关联的角色

③ 多重性。多重性是一种约束，也是使用最广泛的约束。关联的多重性是指有多少对象可以参与该关联，可以用来表达一个取值范围、特定值、无限定的范围或一组离散值。

在 UML 中多重性用"."分隔开区间，其格式是"minimum..maximum"，其中，minimum 和 maximum 都是非负整数，附在一个端点的多重性表示该端点可以有多少个对象与另一个端点的一个对象关联,如图 5.19 所示。多重性语法的示例表示如表 5.1 所示,Reader 类和 Account 类的多重性都是 1,表明它们是一对一的关联。

图 5.19　关联的多重性

表 5.1　多重性语法的示例

修　饰	语　义	修　饰	语　义
0	刚好为 0	1	刚好为 1
0..1	0 或 1	1..1	1 或 1
0.. *	0 或者更多	1.. *	1 或更多

④ 导航性:关联一般是双向的,即关联的两端都可以访问另一端。为了确定关联的方向,我们引入导航性的概念。

导航性描述了以源类创建的对象可以将消息发送给由目标类创建的对象,反之,不能将以目标类创建的对象的消息发送给由源类创建的对象。

在关联的属性中选取或取消选取"可导航"复选框可以设置导航性,设置导航性的结果其实就是在一般关联和定向关联之间切换。

⑤ 关联类:在 UML 图中,关联类是一个作为其他两个类之间的关联关系一部分的类。

可以将关联类连接至关联关系,以提供有关该关系的更多信息。关联类与其他类完全相同,它可以包含操作、属性以及其他关联。

例如,称为 Student 的类表示学生,它与称为 Course 的类(表示教学课程)建立了关联。Student 类可以加入某一课程。称为 Enrollment 的关联类通过提供与关联关系相关的班级、年级和学期信息来进一步定义 Student 类与 Course 类之间的关系。

如图 5.20 所示,关联类通过一条虚线连接至关联。

图 5.20　关联的多重性

关联关系可以进一步细分:定向关联、聚集关联、组装关联。

① 定向关联:在 UML 模型中,定向关联关系就是只能朝一个方向导航的关联。

定向关联表示控制流从一个类元流向另一个类元,例如,从参与者流向用例。此控制流意味着只有一个关联关系端指定了可导航性。

如果使用关联关系端名称,那么通常不需要为关联命名。但是,可以对任何关联命名以便描述两个类元之间的关系的性质。

定向关联是用一条表示导航方向的带箭头的实线来表示的。

② 聚集关联：聚集关联是一种特殊类型的关联，在 UML 模型中，聚集关联显示一个类元是另一个类元的一部分或者从属于另一个类元。在这种关联中，各个对象组装或配置在一起以创建更复杂的对象。聚集描述了一组对象以及如何与它们进行交互。聚集通过在表示组装的对象中定义称为聚集的单个控制点来保护对象的组装完整性。聚集还使用控制对象来决定组装对象如何对可能会影响集合的更改或指令做出响应。

数据从整个类元或聚集流向部分类元。部分类元可以属于多个聚集类元，并且它可以独立于聚集存在。例如，Department 类可以与 Company 类之间具有聚集关系，这表示部门是公司的一部分。聚集与组装紧密相关。

可以用关联命名来描述两个类元之间的关系的性质。但是，如果使用关联关系端名称，那么不需要关联名称。

聚集关联是表示整体与部分关系的关联。关联关系中一组元素组成一个更大、更复杂的单元就是聚集。在 UML 中，聚集关联用带空心菱形的实线来表示，其中头部指向整体，如图 5.21 所示，图中"班级"和"学生"两个类之间就是聚集关系。

图 5.21 聚集关联

③ 组装关联：组装关联关系表示整体与部分的关系，并且是一种聚集形式。组装关联关系指定部分类元的生存期取决于完整类元的生存期。

在组装关联关系中，数据通常只朝一个方向流动，即从完整类元流向部分类元。例如，组装关联关系将 Car 类与 Engine 类连接起来，这意味着如果除去 Car，那么也会除去 Engine。

组装关联是聚集关联中的一种特殊情况，是更强形式的聚集，又称为强聚集。在组装关联中，成员对象的生命周期取决于聚集的生命周期，聚集不仅控制成员对象的行为，还控制成员对象的创建和结构。在 UML 中，组装关联用带实心菱形的实线来表示，其中头部指向整体，如图 5.22 所示，图中 Engine 发动机和 Wheel 车轮不能脱离 Car 汽车对象而独立存在，如果组装关系被破坏，则其中的成员对象不能继续存在。

（4）依赖关系

依赖表示两个或多个模型元素之间语义上的关系，它只将模型元素本身连接起来而不需要用一组实例来表达它的意思。它表示了这样一种情况，对于一个元素（提供者）的某些改变可能会影响或提供消息给其他元素（使用者），即使用者以某种形式依赖于其他类元。实际建模时，类元之间的依赖关系表示某一类元以某种形式依赖于其他类元。

图 5.22 组装关联

根据这个定义，关联、实现和泛化都是依赖关系，但是它们有更特别的语义，所以在 UML 中被分离出来作为独立的关系。

在 RSA 中，如果一个元素（客户）使用或者依赖于另一个元素（供应者），那么这两个元素之间就存在依赖关系。在类图、组件图、部署图和用例图中，可以使用依赖关系来指示更改供应者就可能需要更改客户。

还可以使用依赖关系来表示优先顺序，即一个模型元素必须优先于另一个模型元素。通常，依赖关系没有名称。

如图 5.23 所示,依赖关系在图编辑器中显示为一条从客户指向供应者的带开口箭头的虚线。

在 RSA8.5.1 中,选用板中没有一般的依赖图形符号。

在建模过程中,通常用依赖指明一个类把另一个类作为它的操作的特征标记中的参数,当被使用的类发生变化时,另一个类的操作也会受到影响,因为这个被使用类此时已经有了不同的接口和行为。如图 5.24 所示,类 TV 中的方法 change 使用了类 Channel 的对象作为参数,因为类 TV 和类 Channel 之间存在依赖关系,而且当类 Channel 发生变化时(变更电视频道),类 TV 的行为也发生了相应的变化。

图 5.23　依赖关系

图 5.24　依赖关系

UML 定义了 4 种基本依赖类型,分别是使用依赖、抽象依赖、授权依赖和绑定依赖。

① 使用依赖。使用依赖是非常直接的,通常表示使用者使用提供者提供的服务以实现它的行为,它是类中最常用的依赖。表 5.2 中列出 5 种使用依赖关系。

表 5.2　使用依赖关系的说明

依赖关系	关键字	功　　能
使用	use	声明使用一个模型元素需要用到已存在的另一个模型元素
调用	call	声明一个类调用另一个类的方法
创建	create	声明一个类创建另一个类的关系
发送	send	声明信号发送者和信号接收者的关系
实例化	instantiate	声明用一个类的方法创建另一个类的实例

在 RSA8.5.1 中,在选用板中选择实例化模型元素,连接两个需要建立依赖关系的类,右击关联的图形符号,单击"属性",选择"构造型",单击"应用构造型"按钮,可以改变依赖的构造型,如图 5.25 所示。

图 5.25　依赖关系

取消所有应用构造型得到的是使用依赖。

② 抽象依赖。抽象依赖用来表示使用者与提供者之间的关系，依赖于在不同抽象层次上的事物。表 5.3 中列出三种抽象依赖关系。

表 5.3　抽象依赖关系的说明

依赖关系	关键字	功　能
跟踪	trace	声明模型中的不同元素之间存在连接，但不能精确映射
精化	refine	声明具有两个不同语义层次上的元素之间的映射
派生	derive	声明一个实例可以从另一个实例导出

在 RSA8.5.1 中，在选用板中选择实现模型元素，连接两个需要建立抽象依赖关系的类，右击关联的图形符号，单击"属性"，选择"构造型"，单击"应用构造型"按钮，可以改变关联的构造型，如图 5.26 所示。

图 5.26　依赖关系

③ 授权依赖。授权依赖表示一个事物访问另一个事物的能力。提供者通过规定使用者的权限，可以控制和限制对其内容的访问。表 5.4 中列出三种授权依赖关系。

表 5.4　授权依赖关系的说明

依赖关系	关键字	功　能
访问	access	允许一个包访问另一个包
导入	import	允许一个包访问另一个包的内容并为它添加别名
友元	friend	允许一个元素访问另一个元素，不管这个元素是否可见

在 RSA8.5.1 中，在选用板中选择实例化模型元素，连接两个需要建立关联关系的类，右击关联的图形符号，单击"属性"，选择"构造型"，单击"应用构造型"按钮，可以改变关联的构造型。

取消所有应用构造型，并输入关键字"access"、"import"或"friend"，可以表示授权关系，如图 5.27 所示。

④ 绑定依赖。绑定依赖是较高级的依赖类型，用于绑定模板以创建新的模型元素。绑定关系是一种为模板参数指定值并从模板生成新的模型元素的关系。

图 5.27   授权关系的表示

在绑定关系中,模板是供应者,模型元素是使用者。绑定并不会影响模板,因此,可以将模板绑定至任意数目的模型元素。但是,绑定会影响模型元素,这是因为模型元素是通过将模板参数替换为绑定关系提供的模板自变量来定义的。

当将模型元素绑定至模板时,就对模板参数指定值(称为模板自变量)。在绑定至模板的模型元素中,模板自变量将替换模板参数。此操作将创建一个新的模型元素,该模型元素具有模板的结构并且使用它的模板自变量的值。表 5.5 中列出一种绑定依赖关系。

表 5.5   绑定依赖关系的说明

依赖关系	关键字	功 能
绑定	bind	为模板参数指定值,以生成一个新的模型元素

在 RSA8.5.1 中,在选用板中选择绑定模型元素,连接两个需要建立绑定依赖的类,箭头指向添加了模板参数的类,如图 5.28 所示。

图 5.28   绑定的示例

2. 操作演示

实例 1:在 RSA 中绘制一个类及添加类、属性和操作

(1)选择需要创建类图的包,右击,选择"添加图"→"类图"。

（2）绘制一个类。打开类图后,在抽取器中选择"类"图标,如图 5.29 所示,并在编辑区中单击,即可绘制一个类;除了从抽取器中选择往 UML 图中加入元素外,RSA 还提供了根据光标当前所在位置,在弹出的菜单中添加相关 UML 元素的功能,如图 5.30 所示,当前画的是类图,当光标放在类图编辑面板上的时候,就会显示可以在类图上添加的元素。简单的取名为"MyClass"的类如图 5.31 所示,如果需要对类进行重命名,可以在类名称上单击即可输入新的名称。

　图 5.29　类抽取器图　　　　图 5.30　类图快捷添加元素　　　　图 5.31　绘制完成后的类

（3）为该类添加一个属性。把光标放在 MyClass 类上,出现"添加属性"的提示文字,如图 5.32 所示,单击即可添加一个默认的属性 1,修改属性名称即可,如图 5.33 所示。

　　　　　　图 5.32　添加属性按钮　　　　　　　　　　图 5.33　为类添加属性

（4）为该类添加一个操作。把光标放在 MyClass 类上,出现"添加操作"的花形按钮,如图 5.34 所示。单击即可添加一个默认的操作 1,如图 5.35 所示。

　　　　　　图 5.34　添加操作按钮　　　　　　　　　　图 5.35　为类添加属性

（5）还可以在类的属性窗口中添加类的属性和操作,并且对类的属性和操作设置限定符,如图 5.36 和图 5.37 所示。

名称	类型	缺省值	可视性	静态的	多重性	所有者
属性1	String		私有	false	1	MyC...

图 5.36　添加属性并设置属性的限定符

图 5.37　添加操作并设置操作的限定符

实例 2：在 RSA 中更改类的构造型

（1）选中一个要更改构造型的类。

（2）在"属性"视图中，单击"构造型"标签，单击"应用构造型"按钮，在出现的"应用构造型"对话框中选择相应的构造型，单击"确定"按钮即可，如图 5.38 所示。

图 5.38　更改类的构造型

实例 3：为类添加模板参数

（1）选中一个要添加模板参数的类。

（2）右击类，在弹出的菜单中，选择"添加 UML"→"模板参数"，根据需要选择适当的参数类型，如图 5.39 所示。

3．课堂实训

以"图书管理系统"为例，在分析类中有 Reader、Student、Teacher 等实体类，在此简单说明一下它们的类图的绘制。其中，Reader 类有两个子类，分别是 Student 类和 Teacher 类，它们继承了父类的所有属性和操作，同时也有自己特定的属性和操作。父类 Reader 的属性有 Id 号、名字、密码、性别、类型、电话号码等，操作有登录、借阅图书、归还图书、预订图书、搜索图书等，而子类 Student 类有自己独特的属性，如学号、班级；子类 Teacher 类有自

图 5.39　为类添加模板参数

已独特的属性,如教师编号。

1) 绘制类

(1) 选择需要创建类图的包,右击,选择"添加图"→"类图"。

(2) 绘制 Reader 实体类。打开类图后,在类抽取器中选择类图标▤类,并在编辑区中单击,即可绘制一个类,并改名为 Reader。按相同步骤绘制另两个类 Student 和 Teacher,如图 5.40 所示。

2) 添加类与类之间的关系

(1) 在类抽取器中选择泛化关系图标✐泛化关系。

(2) 在子类与父类之间拉出一个箭头,即可建立泛化关系。

如图 5.41 所示,为 Reader 与 Student 和 Teacher 类建立了泛化关系。

图 5.40　绘制三个类　　　　　　　图 5.41　建立泛化关系

3) 绘制类的属性与操作

(1) 为该类添加属性。把光标放在 Student 类上,单击"添加属性"按钮,更改属性名即可添加属性。重复此操作,可连续添加多个属性,如图 5.42 所示。Teacher 类、Reader 类的属性如图 5.43 和图 5.44 所示。

图 5.42　为 Student 类添加属性　　图 5.43　为 Teacher 类添加属性　　图 5.44　为 Reader 类添加属性

（2）为 Reader 类添加操作。把光标放在 Reader 类上，单击"添加操作"按钮，更改操作名即可添加操作。重复此步骤，可连续添加多个操作，如图 5.45 所示。

4）绘制完成

我们为图书管理系统中的一个类图添加了关系、属性和方法，如图 5.46 所示。

图 5.45　为 Reader 类添加操作　　　　　　图 5.46　类图的创建

5.2.2　顺序图（时序图）

1. 知识精讲

在建好系统用例图及类图的基础上，接下来需要分析和设计系统的动态图，并且建立相应的动态模型。顺序图是其中一种动态模型，它用来显示对象之间的关系，并强调对象之间消息的时间顺序，同时显示对象之间的交互。

顺序图（Sequence Diagram，也被翻译成时序图），描述了对象之间传递消息的时间顺序，它用来表示用例中的行为顺序，是强调消息时间顺序的交互图。当执行一个用例行为时，顺序图中每条消息对应了一个类操作或状态机中引起转换的触发事件。

时序图既可以用在分析阶段，也可以用在设计阶段。在分析阶段，时序图能帮助找到系统中需要的类，以及在交互过程中需要做什么。而在设计阶段，时序图解释了系统如何完成一个交互。

在 UML 中，图形上参加交互的各对象在时序图的顶端水平排列，时序图将交互关系表示为二维图，其中，纵轴表示时间轴，时间沿竖线向下延伸；横轴表示在协作中各个独立的对象，当对象存在时，生命线用虚线表示，当对象过程处于激活状态时，生命线是一个双道线。消息用从一个对象的生命线到另一个对象生命线的箭头表示，箭头以时间顺序在图中从上到下排列。

简单的时序图如图 5.47 所示。时序图包含 4 个基本元素，分别是对象（Object）、生命线（Lifeline）、消息（Message）和激活（Activation）。

时序图的元素都被包含在一个交互框中，其左上角标识了该时序图的名字，如图 5.48所示。

图 5.47　简单的时序图　　　　图 5.48　时序图的名字与元素

下面详细介绍时序图的组成元素。

1）对象

时序图中对象的符号和对象图中的对象所用符号一样,都是用矩形把对象名称包含起来,如图 5.49 所示。将对象置于时序图的顶部意味着交互开始的时候对象就已经存在了,如果对象的位置不在顶部,那么表示对象是在交互中被创建的。

2）生命线

生命线是一条垂直的虚线,表示时序图中的对象在一段时间内的存在,每个对象的底部中心都有生命线。它从时序图顶部一直往下延伸到底部,所用的时间取决于交互持续的时间。对象与生命线结合在一起称为对象的生命线,对象生命线包含矩形的对象图标及图标下面的生命线,如图 5.50 所示。

图 5.49　时序图的对象　　　　图 5.50　时序图的生命线

3）消息

消息定义的是对象之间某种形式的通信,它可以激发某个操作、唤起信号或导致目标对象的创建或撤销。消息序列可以用时序图和协作图来表示,其中,时序图强调消息的时间顺序,而协作图强调交换消息的对象间的关系。

消息是两个对象之间的单路通信,从发送方到接收方的控制信息流。消息可以用于在对象间传递参数。消息可以是信号,即明确的、命名的、对象间的异步通信;也可以是调用,即具有返回控制机制操作的同步调用。

在 UML 中,消息用箭头来表示,箭头的类型表示了消息的类型。

在 UML 中有 4 种类型的消息,分别是同步消息、异步消息、简单消息和返回消息。

（1）同步消息。同步消息假设有一个返回消息,在发送消息的对象进行另一个活动之前需要等待返回的回应消息。同步消息假定消息的传递是瞬间的,消息在发出之后会马上被收到。如图 5.51 所示,图书馆管理员试图登录到用户界面,登录和后续

图 5.51　同步消息

的操作都是同步的,因为它们依赖于前面消息的返回结果。图书馆管理员在将 login 消息发送到系统后,系统发送一个返回消息以检验用户信息的正确性。在验证消息返回之前,图书馆管理员一直处于等待状态。

(2)异步消息。异步消息表示发送消息的对象不用等待回应的返回消息,就可以继续开始后面的活动,发送方只负责将消息发送到接收方,至于接收方如何响应则无关紧要。消息的接收方收到消息后可以立即处理,也可以不处理。如图 5.52 所示,用户的登录操作是用一个日志文件来记录,使用异步消息创建日志时,不必等到日志操作完毕再进行后续活动,在发出写日志的函数调用之后可以立即开始后续的操作,这样可以提高系统的响应速度。

图 5.52　异步消息

(3)简单消息。简单消息是在同步和异步之间没有区别的消息,有时消息的同步与异步是无关要紧的,或无法确定其同步与异步。对系统建模时可以使用简单消息表示所有的消息,然后再根据情况确定消息的类型,如图 5.53 所示。

(4)返回消息。返回消息是消息的接收者向消息的发送者发送的消息,通常用来发送处理的结果或是确认消息已经收到,如图 5.53 所示。

4)激活

时序图可以描述对象的激活和去激活。激活表示该对象被占用去完成某个任务,去激活表示对象处于空闲状态,等待消息。在 UML 中,将对象的生命线拓宽为矩形就能表示对象是激活的,如图 5.54 所示,其中矩形称为激活条或控制期,对象就是在激活条的顶部被激活的。对象在完成自己工作后被去激活,这通常发生在一个消息箭头离开对象生命线的时候。

图 5.53　简单消息与返回消息

图 5.54　激活条

5)对象的创建和销毁

时序图中的对象有时并不需要在整个交互中存活,对象可以根据传递进来的消息创建或销毁。

（1）创建对象

前面提过，时序图的对象默认位置是在图的顶部，如果对象在这个位置上，说明对象在交互前已经存在了，如果对象是在交互的过程中创建的，那么应当位于图的中间部分。如图 5.55 所示，带箭头的虚线表示创建对象，从创建者指向被创建者。

（2）销毁对象

如果要销毁一个对象，只要发送一个破坏消息给对象，即在选用板上选择"破坏消息"，从破坏者对象的生命线引向被破坏者对象的生命线，如图 5.56 所示。

图 5.55　时序图中创建对象　　　　图 5.56　销毁对象

6）组合片段

组合片段反映了对条件逻辑建模的能力，比较常用的组合片段是备选组合片段、循环组合片段、中断组合片段和并行组合片段。

（1）备选组合片段

备选组合片段是一种条件选择行为，它根据交互操作上的交互约束来判断是否运行分支。

如图 5.57 所示，备选组合片段应用在用户登录验证上，系统根据交互约束判断用户的名字是否为空，且判断密码是否正确，如果正确则在日志里写上成功登录信息（执行图中的分支 1），否则写上错误信息（执行图中的分支 2）。

图 5.57　备选组合片段

（2）循环组合片段

循环组合片段是指被包含的事件将会被执行多次，它的标记方法中包含一个最小值和最大值，表明了应被执行的次数。

如图 5.58 所示,描述了图书馆管理员查询并修改图书信息的过程,先查询图书信息,找出图书信息后返回显示,管理员修改图书信息后,将信息提交给系统,由系统负责更新数据库,这个过程可以通过循环组合片段重复多次。

(3) 中断组合片段

中断组合片段表示这个片段执行完毕后终止当前的组合片段,类似于编程语言中的 return 语句。如图 5.59 所示,当用户输入的登录信息有错时,系统向日志中写入错误信息,然后立即中断当前组合片段的执行。

图 5.58　循环组合片段　　　　　　　图 5.59　中断组合片段

(4) 并行组合片段

并行组合片段描述了多个组合片段可以同时被执行,顺序图包含的操作本来都是顺序执行的,但是并行组合片段可以改变这种约定,使得后面的操作可以和前面的操作同时执行,如图 5.60 所示,不同的用户可以同时向系统发起不同的操作,即用户可以同时进行登录操作和浏览图书操作。

图 5.60　并行组合片段

2. 操作演示

实例 1：在 RSA 中创建时序图

（1）右击需要创建时序图的包，选择"添加图"→"时序图"，如图 5.61 所示。

（2）出现时序图的编辑区后，在右边的"序列"抽取器中选择"生命线" ⍿ **生命线** ，并在编辑区中单击，如图 5.62 所示。

（3）生命线放入时序图时会提示选择参与者的类型，视情况选择相应的类型，如图 5.63 所示。

图 5.61 添加时序图 　　　　图 5.62 生命线 　　　　图 5.63 生命线的类型

（4）可以为其创建类或选择现有类型等来添加对象的生命线，如图 5.64 所示。

（5）在选用板中选择"同步消息"图标，连接两个有关系的生命线即可，如图 5.65 所示。

图 5.64 创建类与选择现有类型 　　　　图 5.65 同步消息连接类

实例 2：在 RSA 中创建一个备选组合片段

（1）在 RSA 中打开一个已经存在的时序图或创建一个新时序图。

（2）按照实例 1 的步骤添加两个对象的生命线，如图 5.66 所示。

图 5.66 添加生命线

（3）在"选用板"视图中选择"序列"抽取器，在其"选项组合片段"中选取"备选组合片段"，框选两条生命线（或在其中一条生命线上单击后，把组合片段框拉向另一条生命线），出现"添加覆盖的生命线"对话框，如图 5.67 所示。确定后会出现"备选组合片段"框架，如图 5.68 所示。

图 5.67　添加覆盖的生命线

图 5.68　备选组合片段框架

　　（4）在"备选组合片段"中根据两个交互操作数的条件来判定是否运行，添加条件（当用户名为空时，则执行某命令，否则执行其他命令），如图 5.69 所示。

　　（5）为类 userHelper 添加一个同步消息调用，在"选用板"视图中选择"序列"抽取器，选择"同步消息"，箭头在备选组合片段的 userHelper 的生命线上下拉动，添加一个新操作名为"getAnonymouseUser"，含义是当判断用户名为 null 的时候，取回一个匿名用户，如图 5.70 所示。

图 5.69　交互的条件

图 5.70　条件满足时的消息调用

　　（6）为类 userHelper 和 userService 之间添加一个同步消息调用，在"选用板"视图中选择"序列"抽取器，选择"同步消息"，箭头在备选组合片段的 userHelper 生命线指向 userService 的生命线，添加一个新操作名为"authenticate"，含义是如果用户名不为 null，取回到 userService 去认证用户，如图 5.71 所示。

图 5.71　条件不满足时的消息调用

（7）完成以上操作，时序图如图 5.72 所示。

图 5.72　"备选片段组合"示例

3. 课堂实训

以"图书管理系统"为例，对借阅图书过程中创建借阅图书信息类绘制时序图。

用户调用 BorrowBookController（借阅图书控制类）的 borrowBook 方法来借阅图书，需要创建 Book（借阅图书信息类）。

在 RSA 中，该时序图绘制步骤如下。

1）添加对象的生命线

（1）在 RSA 中打开一个已经存在的时序图或创建一个新时序图。

（2）在"序列"抽取器中选择生命线图标 **生命线**，在时序图编辑区中出现的选项选择 **选择现有类型**，如图 5.73 所示，把已经创建好的 borrowBookForm、borrowBookController 类加进时序图（或新创建两个类），效果如图 5.74 所示。

图 5.73　生命线的选项

图 5.74　创建两个类

2）为类添加同步消息调用

（1）在"序列"抽取器中选择 **同步消息** 图标，在生命线上出现一个黑色箭头，在上面两个类生命线中间画出一条线，如图 5.75 所示。

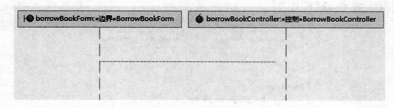

图 5.75 添加同步消息时显示出来的线条

(2) 出现一个带双向箭头的激活,并弹出"输入操作名称和所有者"选项卡,可以给出该操作名称,如图 5.76 所示。

图 5.76 输入操作名称和所有者

(3) 为其添加"borrowBook"的操作名称,效果如图 5.77 所示。

图 5.77 添加操作名称后

3) 创建 Book

(1) 为 Book(借阅图书信息类)创建的生命线,如图 5.78 所示。

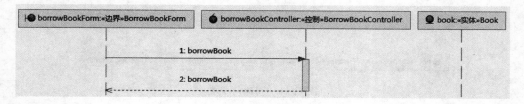

图 5.78 创建 book 生命线

(2) 在"序列"抽取器中选择 ┈┤创建消息 图标,在 borrowBookController 和 book 之间创建消息,Book 类从原来顶部位置变为中间创建的位置,并为其操作名称命名为 create,如

图 5.79 所示。如果要应用之前已经创建过操作,可以在弹出的选项中双击已创建的操作即可,如图 5.80 所示。

图 5.79　创建实体消息

图 5.80　可选择现有操作

(3) 最后时序图效果如图 5.81 所示。

图 5.81　时序图示例

思考题

1. 什么是系统分析建模? 分析模型和设计模型的侧重点有哪些不同?
2. 什么是类图? 类图的作用是什么?
3. 类之间的关系有哪些?
4. 什么是顺序图? 顺序图包括哪些元素? 顺序图的作用是什么?

实训任务

按照下面的分析和步骤完成"图书馆管理系统"类图和顺序图的绘制。

任务1　创建类图

1. 发现分析类

在分析模型的创建过程中,要准确地发现并识别所有的分析类是很困难的。RSA 统一过程将分析类分为三类:边界类、控制类和实体类,这样的分析类能使开发人员将视图、领域和系统所需的控制分离。

1) 寻找边界类

边界类常被认为是系统与外部参与者进行交互的接口,包括用户接口和与其他系统通信的接口。边界类定义了系统与外部参与者交互的形式,由于它直接被最终用户使用,因此必须尽量简洁、易用。

根据本系统的需求分析,可以确定以下边界类。

LoginForm:注册表单边界类,用来获取读者的用户名和密码。

SearchBookForm:搜索图书边界类,用来提供图书搜索服务的界面。

ReaderAccountDetail:读者账户明细边界类,用来列出读者账户的全部信息。

IssueFineForm:缴纳罚款边界类,为读者缴纳罚款提供界面。

BorrowBookForm:借阅图书边界类,为读者借阅图书提供界面。

ReturnBookForm:归还图书边界类,为读者归还图书提供界面。

ReserveBookForm:预订图书边界类,为读者预订图书提供界面。

AddBookInfoForm:添加图书信息边界类,为管理员添加图书信息提供界面。

DeleteBookInfoForm:删除图书信息边界类,为管理员删除图书信息提供界面。

ModifyBookInfoForm:修改图书信息边界类,为管理员修改图书信息提供界面。

AddReaderInfoForm:添加读者信息边界类,为管理员添加读者信息提供界面。

DeleteReaderInfoForm:删除读者信息边界类,为管理员删除读者信息提供界面。

ModifyReaderInfoForm:修改读者信息边界类,为管理员修改读者信息提供界面。

DataBaseMaintainForm:数据库维护边界类,为管理员的数据库维护提供界面。

2) 增加控制类

通常,每一个用例中都包含一个控制器来管理这个用例的事件流,根据系统的需求分析,可以确定如下控制类。

LoginController:登录控制器。

SearchBookController:搜索图书控制器。

ShowReaderAccountDetail:显示读者账户信息控制器。

IssueFineController:缴纳罚款控制器。

BorrowBookController:借阅图书控制器。

ReturnBookController:归还图书控制器。

ReserveBookController：预订图书控制器。

AddBookInfoController：添加图书信息控制器。

DeleteBookInfoController：删除图书信息控制器。

ModifyBookInfoController：更新图书信息控制器。

AddReaderInfoController：添加读者信息控制器。

DeleteReaderInfoController：删除读者信息控制器。

ModifyReaderInfoController：更新读者信息控制器。

DataBaseMaintainController：维护数据库控制器。

3）寻找实体类

实体类一般是在用例规格说明中的名词，在本系统中，可以找到以下名词：图书、读者、管理员、教师、学生、账户、图书信息、读者信息和罚款等，接下来对每一个名词进行分析，判断它是否能构成一个实体类。

Book：图书实体类。

Reader：读者实体类。

Librarian：图书馆管理员实体类。

ReaderAccount：读者账户实体类。

BookInfo：图书信息实体类。

ReaderInfo：读者信息实体类。

FineCharge：罚款实体类。

Loan：借阅图书记录实体类。

BookStore：图书仓库实体类。

2．类图的绘制步骤

下面以"图书管理系统"分析模型为基础开始类图的绘制。本系统的分析模型比较复杂，所以为方便管理，我们把系统的分析类分别存放在下面的三个包中。

System Service：包含系统提供读者的服务。

System Administrator：包括与图书管理员相关的用例。

System Maintenance：包括与系统维护相关的用例。

1）System Service 包中创建的类图的绘制

（1）新建类图。在已建好的分析模型中，创建一个名为"System Service"的包，创建好的包已经有一个名为"System Service Analysis Elements"的包（其包下面含一张名为"System Service Analysis Classes"的类图）和一张名为"System Service Analysis-Level Use Case Realizations"的类图，如图 5.82 所示。

图 5.82　新建包与类图

双击打开 System Service Analysis Classes 类图,可以看到编辑器和选用板如图5.83所示。

图 5.83   类图编辑器和选用板

(2)添加分析类。在 System Service 包中创建 LoginForm(注册表单边界类)、Reader-AccountDetail(读者账户明细边界类)、IssueFineForm(缴纳罚款边界类)、BorrowBook-Form(借阅图书边界类)、ReturnBookForm(归还图书边界类)、ReserveBookForm(预订图书边界类)、ModifyBookInfoForm(修改图书信息边界类)等系统提供读者的服务分析类。

添加其中的"LoginForm"(注册表单边界类)的类,然后通过属性视图来修改分析类的属性,设置它的构造型为"边界类",如图5.84所示。然后按这个步骤添加其他的边界类。

图 5.84   更改为"边界"构造型

(3)添加控制类。在 System Service 包中创建 LoginController(登录控制器)、Borrow-BookController(借阅图书控制器)、ReturnBookController(归还图书控制器)、Reserve-BookController(预订图书控制器)、IssueFineController(缴纳罚款控制器)、ModifyBookInfoController(更新图书信息控制器)、ShowReaderAccountDetail(显示读者账户信息控制器)等控制类。添加"LoginController"(登录控制器)的类,然后通过属性视图来修改分析类的属性,设置它的构造型为"控制类",如图5.85所示。然后按这个步骤添加其他的控制类。

图 5.85　更改为"控制"构造型

（4）添加实体类。在 System Service 包中创建 Book（图书实体类）、Reader（读者实体类）、FineCharge（罚款实体类）、ReaderAccount（读者账户实体类）、Loan（借阅图书记录实体类）、BookStore（图书仓库实体类）等实体类。添加"Book"（图书）类，然后通过属性视图来修改分析类的属性，设置它的构造型为"实体类"，如图 5.86 所示。然后按这个步骤添加其他的实体类。

图 5.86　更改为"实体"构造型

（5）最后，在 System Service 包中创建的类图如图 5.87 所示。

2）System Administrator 包中的类图的绘制

System Administrator 分析类的构建方法与前面的 System Service 分析类的构建方法完全一样。

其中，边界类为 SearchBookForm（搜索图书边界类）、AddBookInfoForm（添加图书信息边界类）、DeleteBookInfoForm（删除图书信息边界类）、AddReaderInfoForm（添加读者信息边界类）、DeleteReaderInfoForm（删除读者信息边界类）、ModifyReaderInfoForm（修改读者信息边界类）。

控制类为 SearchBookController（搜索图书控制器）、AddBookInfoController（添加图书信息控制器）、DeleteBookInfoController（删除图书信息控制器）、ModifyBookInfoController（更新图书信息控制器）、AddReaderInfoController（添加读者信息控制器）、DeleteReaderInfoController（删

图 5.87 System Service 包中的类图

除读者信息控制器)、ModifyReaderInfoController(更新读者信息控制器)。

实体类为 Librarian(图书馆管理员实体类)、BookInfo(图书信息实体类)、ReaderInfo(读者信息实体类)、FineCharge(罚款实体类)。

System Administrator 包中的类图如图 5.88 所示。

图 5.88 System Administrator 包中的类图

3）System Maintenance 包中的类图的绘制

System Maintenance 分析类的构建也与前面的 System Service 分析类的构建完全一样。

其中，边界类为 DataseMaintainForm（数据库维护边界类）；控制类为 DatabaseMaintainController（维护数据库控制类），System Maintenance 包中的类图如图 5.89 所示。

图 5.89　System Maintenance 包中的类图

任务 2　创建顺序图

本节将详细描述"图书管理系统"顺序图的绘制步骤。

在分析模型中，需要为用例模型中每个用例创建用例实现，然后在实现中填上属于分析类的对象，分析类在前面已经创建好了，接下来实现用例所规定的功能。

1. 创建用例

在 System Service、System Administrator、System Maintenance 包中分别创建需要的用例（第 4 章中已详细说明）。

2. 顺序图的绘制步骤

1）为 System Service 包添加用例实现

System Service 包中共有 7 个用例，分别是 Borrow Book（借阅图书）、Issue Fine（缴纳罚款）、Reserve Book（预订图书）、Return Book（归还图书）、Update Account（更新账户信息）、User Login（用户登录）和 View Account（查看账户信息），为每个用例添加一个用例实现，下面是添加用例实现的步骤。

（1）新建时序图。为用例 Borrow Book 添加时序图，如图 5.90 所示，单击选用板的生命线选项，在时序图编辑区单击，在弹出的上下文菜单中选择"选择现有类型"，在弹出的对话框中选择"浏览"选项卡后在其资源管理器里选择 BorrowBookForm（借阅图书边界类），如图 5.91 所示。

（2）然后按这个步骤添加其他对象。再为时序图添加三个对象，分别是 BorrowBookController（借阅图书控制类）、BookStore（图书仓库实体类）、Loan（图书借阅记录实体类），如图 5.92 所示。

（3）为时序图添加调用。由序列图的几个对象可知，

图 5.90　用例 Borrow Book 添加序列图

图 5.91 添加 BorrowBookForm 生命线

图 5.92 添加其他三个对象生命线

读者在借阅图书之前需先查询图书信息,查询的关键字是图书的题目,因此要调用借阅borrowBookController(借阅图书控制类)的 FindOnTitle 函数来查找相应的图书信息。同时 borrowBookController(借阅图书控制类)又需要向 BookStore(图书仓库实体类)查询图书信息,因此需要调用 BookStore(图书仓库实体类)的 find 函数。

① 在 borrowBookForm 和 borrowBookController 之间添加同步调用,命名为 FindOnTitle,如图 5.93 所示。

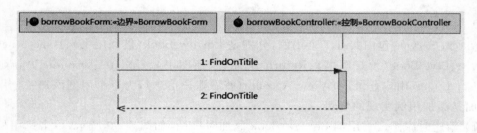

图 5.93 添加 FindOnTitle 的同步消息

② 在 borrowBookController 和 bookStore 之间添加同步调用,命名为 find,如图 5.94所示。

用户调用 BorrowBookController(借阅图书控制类)的 borrowBook 方法来借阅图书,然后需要创建 Book(借阅图书信息类),同时调用 setX 的方法来修改它的属性。

③ 在 borrowBookForm 和 borrowBookController 之间添加调用,命名为 borrowBook。

④ 在 borrowBookController 和 book 之间添加创建调用,命名为 create,如图 5.95所示。

图 5.94　添加 find 同步消息

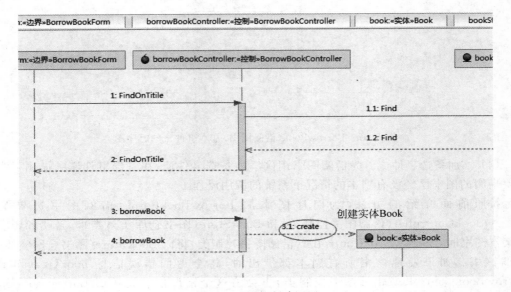

图 5.95　添加创建调用

⑤ 在 borrowBookController 和 book 之间添加三个异步调用，分别命名为 setTitle、setExpireDate 和 setStatus，如图 5.96 所示。

图 5.96　添加三个同步消息调用

最后需要将 Book(借阅图书信息类)添加到 Loan(图书借阅记录)中。

⑥ 在 borrowBookController 和 loan 之间添加同步调用,命名为 addItem。

完成后 BorrowBook(借阅图书)基本事件流的时序图就完成了,如图 5.97 所示。

图 5.97　BorrowBook(借阅图书)基本事件流的时序图

(4) 添加备选事件流。为借阅图书用例添加备选事件流,在备选事件流中描述了当读者要借阅的图书已经没有副本的情况下系统的调用流程。

按照前面介绍的方法,为时序图添加 BorrowBookForm(借阅图书边界类)、BorrowBookController(借阅图书控制类)和 BookStore(图书仓库实体类)。当读者要求借阅某本图书时,BorrowBookController(借阅图书控制类)将向 BookStore(图书仓库实体类)查询该书。如果发现该书所有副本都借出时,将会返回错误信息 bookUnavailable。BorrowBookController(借阅图书控制类)也会将这个错误信息发送回 BorrowBookForm(借阅图书边界类),并显示给读者。

① 在 borrowBookForm 和 borrowBookController 之间添加同步调用,命名为 findOnTitle。

② 在 borrowBookController 和 bookStore 之间添加同步调用,命名为 find。

③ 为 bookStore 和 borrowBookController 添加应答消息,命名为 bookUnavailable。

④ 为 borrowBookController 和 borrowBookForm 添加应答消息,命名为 showBookUnavailable。

完成后的时序图如图 5.98 所示。

图 5.98　借阅图书用例备选事件流时序图

System Service 包中的其他用例实现可以按照“借阅图书”用例实现的创建步骤来添加,步骤类似。

2）System Administrator 包添加用例实现

System Administrator 包中共有 8 个用例，分别是 Add Book Information（添加图书信息）、Create Reader Account（创建读者账户）、Delete Book Information（删除图书信息）、Delete Book Profile（删除读者信息）、Search Book（查找图书）、Search Reader（查找读者）、Update Book Information（更新图书信息）和 Update Reader Profile（更新读者信息），为每个用例添加一个用例实现，下面是添加用例实现的步骤。

（1）新建时序图。创建一个用例命名为 Add Book Information，为其添加时序图，为其用例实现的基本事件流添加对象，按照前面描述的方法，向时序图中添加上述对象，如图 5.99 所示。

图 5.99 新建对象

（2）为时序图添加调用。图书馆管理员在添加图书信息时通过 AddBookInfoForm（添加图书信息边界类）向 AddBookInfoController（添加图书信息控制类）发出添加图书信息的调用（addBookInfo），添加完成后控制类会将结果返回给管理员，控制类在添加之前，会先查询相关信息是否已经存在，如果不存在，则创建一个 BookInfo（图书信息实体类），然后设置它的属性值并插入到 BookStore（图书仓库实体类）中。

① 在 addBookInfoForm 和 addBookInfoController 之间添加同步调用，命名为 addBookInfo。

② 在 addBookInfoController 和 bookStore 之间添加同步调用，命名为 isStored，查询相关信息是否已经存在。

③ 在 addBookInfoController 和 bookInfo 之间添加三个同步调用，分别命名为 setTitle、setPublisher 和 setCopyNum。

④ 在 bookStore 和 bookInfo 之间添加同步调用，命名为 insertBookInfo。

完成后的时序图如图 5.100 所示。

图 5.100 添加图书信息（Add Book Information）基本事件流的时序图

在完成了上述步骤后,添加图书信息(Add Book Information)基本事件流的时序图就完成了。

(3)添加图书信息用例添加备选事件流。在其中描述了当管理员要添加的图书信息已经存在的情况下系统的调用流程。按照前面的方法介绍,为序列图添加 AddBookInfoForm(添加图书信息边界类)、AddBookInfoController(添加图书控制类)、BookStore(图书仓库实体类)和 BookInfo(图书信息实体类)。

当管理员要求添加某本图书的信息时,AddBookInfoController(添加图书信息控制类)会向 BookStore(图书仓库实体类)查询本书的信息,如果该书的信息存在,就返回信息 true。然后 AddBookInfoController(添加图书信息控制类)也会将这个消息发送给 addBookInfoForm(添加图书信息边界类),并呈现给管理员。

① 在 addBookInfoForm 和 addBookInfoController 之间添加同步调用,命名为 addBookInfo。

② 在 addBookInfoController 和 bookStore 之间添加同步调用,命名为 isStored,查询相关信息是否已经存在。

③ 为 bookStore 返回应答消息 true。

④ addBookInfoController 向 addBookInfoForm 返回信息,命名为 bookAlreadyStored。完成后的序列图如图 5.101 所示。

图 5.101　图书信息用例备选事件流时序图

System Administrator 包中其他用例实现可以按照"添加图书信息"用例实现的创建步骤来添加,在此不一一列出。

3)System Maintenance 添加用例实现

System Maintenance 包有一个用例：Main Database(维护数据库)。

依照前面的方法创建一个用例实现并命名为 Main Database,并为其用例实现的基本事件流添加对象,涉及的对象有 DataseMaintainForm(数据库维护边界类)、DatabaseMaintainController(维护数据库控制类)、BookStore(图书仓库实体类)和 BookInfo(图书信息实体类)。

(1)新建时序图。对 Main Database 实例新建一个时序图。

(2)向时序图中添加前面所列的对象,如图 5.102 所示。

图 5.102　添加对象

(3)在时序图中添加调用。图书馆管理员在维护数据库时通过 DataseMaintainForm(数据库维护边界类)向 DatabaseMaintainController(维护数据库控制类)发出开始维护数据库的调用(startDatabaseMaintain),维护完成后控制类会将结果返回给管理员。控制类在进行维护数据库时,会先向 BookStore(图书仓库实体类)查询所有图书信息的数量(queryBookInfoNum),然后依次检验每个 BookInfo(图书信息实体类)的有效性。

① 在 dataBaseMaintainForm 和 dataBaseMaintainController 之间添加异步调用,命名为 startDatadaseMaintain。由于数据库维护的时间较长,因此使用异步调用,这样管理员在发出调用后依然可以继续其他工作。

② 在 dataBaseMaintainController 和 bookStore 之间添加同步调用,命名为 queryBookInfoNum,查询图书信息的数量,bookStore 返回图书数量,命名为 totalNumber。

完成后如图 5.103 所示。

图 5.103　添加异步、同步消息调用

③ 逐个校验每个 bookInfo 需要使用循环组合片段。在选用板中选择"循环组合片段",在 databaseMaintainController 的生命线上单击添加一个循环组合片段,把循环次数设置为[0,totalNumber],DatabaseMaintainController 依次调用每个 bookInfo 的 isValid 方法,检验这个图书信息实体的有效性。

结果如图 5.104 所示。

图 5.104　维护数据库基本事件流的时序图

第6章

系统设计建模阶段的 UML 图

系统设计建模是建立在系统分析建模的基础之上,为系统的实现提供了技术方案。程序员根据系统设计模型,就可以编写代码,完成系统的实现。或者通过模型转换,将设计模型转换为可以运行的程序。

6.1 什么是系统设计建模

系统设计建模,是指在系统设计阶段,在考虑实际环境的情况下,将分析阶段的抽象模型扩展为可行的技术方案,使用各种各样不同的图(例如组合结构图、状态图、组件图、部署图等),建立一个设计模型。它详细描述了这个应用是怎样构成的,以及是如何实现的。

设计模型是说明用例实现的对象模型,是对实现模型及其源代码的一个抽象,可以充当源代码如何被组建和编制的"蓝图"。设计模型被用来文档化软件系统的设计,它作为实现模型的输入,影响着软件开发生命周期中的后续活动。设计模型由设计类和一些描述组成,设计类包括具有良好接口的包和子系统,而描述则体现了类的对象如何协同工作,以及如何实现用例的功能。

设计模型可以跟实现模型非常类似,在设计模型中,类、包和子系统将被映射为实现模型中的实现类、文件、包和子系统。这些元素之间映射的严格程度如何,决定了设计模型和实现模型之间的接近程度。

在设计阶段应该做什么和不应该做什么,RSA 没有做明确的规则说明。但是必须要定义出系统需要的足够信息,这样在实现的时候不会导致有误差。设计模型的详细程度取决于不同的项目、不同的系统或不同的公司。例如,对于一个小型系统,设计模型可能比较简单,它只需要让开发人员对系统的实现思路有一个大致的了解就可以。相反,对于大型的、复杂的系统,设计模型就需要非常详细,并且需要像代码一样进行精心的维护。

一个好的设计模型应该具备以下特征。

(1) 它能满足系统需求。

(2) 它能经得起实施环境中的变更。

(3) 与其他可能的对象模型以及与系统实施相比,它更易于维护。

(4) 它的实施方式很明确。

(5) 它不包含那些应该记录在程序代码中的信息。

(6) 它容易适应需求变更。

此外,在建立设计模型阶段,一般会包含的 UML 图有:组合结构图,用来描述对象之间是如何交互的;状态图,用来对类的动态行为建模;组件图,用来描述系统的软件架构;部署图,用来描述系统的物理架构。

6.1.1 创建设计模型

创建设计模型的步骤和创建用例模型的步骤非常类似,只是在选择模型模板的时候选择"分析模型"即可,步骤如下。

(1) 在"项目资源管理器"中,展开项目,右击项目下的"模型",选择"创建模型",如图 6.1 所示。

图 6.1 新建 UML 模型

(2) 在弹出的"创建模型"向导的"创建新模型"窗口中,选择"从以下项创建新的模型"选项组中的"标准模板",单击"下一步"按钮,如图 6.2 所示。

(3) 在弹出的"创建模型"向导的"根据标准模板创建新模型"窗口中,选中"类别"列表框中的"分析和设计",然后在"模板"列表框中选择"企业 IT 设计包",输入模型的文件名,并可通过单击"浏览"按钮选择保存的目标文件夹,完成,如图 6.3 所示。

图 6.2　创建新模型

图 6.3　根据标准模板创建新模型

（4）在工作区生成了分析模型的模板，如图 6.4 所示。

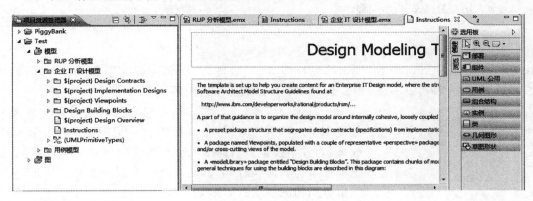

图 6.4　分析模型的模板

6.1.2　设计模型的组织结构

按照 RUP 最佳实践，我们选择了企业 IT 设计包模板创建的设计模型具有如下的组织结构。

（1）${project}Design Contracts：设计合同预置子包，包含 ${project}Component Specifications 和 ${project}Design-Level Use Case Realizations 两个子包。

（2）${project}Implementation Designs：实施设计预置子包。

（3）${project}Viewpoints：该包包含两个透视图子包 ${project}Package Dependencies（包依赖子包）和 Architectural Layers(结构层子包)。

（4）Design Building Blocks：包含一些通用的、可以复制到设计模型中的模型元素，用户通过复制和修改这些模型元素可以快速创建自己的模型，该包包含如下子包。

① ${functional.area.impldesign}，用于在 Implementation Designs 包下创建功能模块实施设计子包。

② ${functional.area.specs}，用于在 Design Contracts::Component Specifications 包下创建功能模块组件规范子包。

③ ${functional.area.ucrs}，用于在 Design Contracts::Design-Level Use Case Realizations 下创建功能模块用例实现子包。

④ ${use.case}，用于填充用例实现包。

（5）${project}Design Overview：设计模型概览图。

6.2　系统设计建模阶段的 UML 图

在 6.1 节中已经按照 RUP 最佳实践，选择"企业 IT 设计包"模板创建了设计模型。现在就可以绘制 RUP 最佳实践建议的 UML 图——组合结构图、状态图、组件图和部署图了。

6.2.1　组合结构图

1. 知识精讲

组合结构图(Composite Structure Diagram),也称为组成结构图,是 UML 2.0 中新出现的图。它是一种静态视图,用来表示一个类元或协作的内部结构。

图 6.5　RSA 的组合结构图
抽取器

当系统变得越来越复杂时,事物之间的关系也变得越来越复杂了。从概念上讲,组合结构图将类图和组件图连接了起来,它并不强调类的详细设计和系统如何实现,它描述了系统中的事物如何联合起来,实现某一个复杂的模式。RSA 中的组合结构图抽取器如图 6.5 所示。

组合关系虽然能够反映整体与部分的组成关系,但不能反映整体和各部件之间的结构关系,为了反映类的组成结构,于是提出了组合结构图。结构是指在系统运行时存在的一组互相连接的元素,这些元素一起提供了一些功能。例如,可以使用结构代表一个分离器的内部组成(如子系统,系统内部对象之间的联系,以及对象之间互相交互的信息等),UML 将这种结构称为内部结构。UML 定义了几种符号来表示子系统内部元素之间的关系和交流。

1) 部件

UML 对部件(Part)的定义是:"一个元素,它表示一个进行包容的类目(Classifier)的实例或者类目的角色所拥有的一组实例"。在组合结构图中,部件作为一个图元素,被用来表示某个类所拥有的一组(一个或多个)实例。部件描述一个实例在类中充当的角色,可以在类的结构部分以及 UML 图(如:类图、组合结构图、组件图、部署图等)中创建。

一个部件在图框中显示为一个实心矩形,里面包含该部件的名称、类型以及指定的任何多重性。如图 6.6 所示,它描述的是汽车的左前轮部件,它的对象名和类型之间用冒号(:)分隔。

2) 连接器

UML 对连接器(Connector)的定义是:"连接器是一个链,它使两个或者更多的实例之间能够通信"。在组合结构图中,连接器代表了一个通信连接,这个通信链路连接了各个部件。一个连接器用连接两个部件之间的一条实线表示,如图 6.7 所示。

图 6.6　部件　　　　　　　　　　　　图 6.7　连接器

3) 端口

UML 对端口(Port)的定义是:"类目的一个特征,指出类目与外部环境之间或者与内部的部件之间的一个明显的交互点"。在组合结构图中,一个端口定义了一个交互点,它可以处于分类器的实例和它所处的环境之间,也可以处于分类器的行为和它的内部部件之间。

外部环境与内部部件之间的所有交互是通过一个端口来实现的,因此可使用一个端口将内部对象从它所处的环境中隔离开来。连接器将类的端口与属性链接起来,并且在两个或者多个对象之间发出通信请求。一个分类器可以定义多个端口来表示不同的交互点。

端口既可以加在组合结构图的边界上,也可以加在组合结构图内部的部件上。端口用一个小矩形"□"来表示。

4) 提供的接口和必需的接口

UML 对接口的定义是:"接口是一种类目,它表示对一组紧凑的公共特征和职责的声明。一个接口说明了一个合约;实现接口的任何类目的实例必须履行这个合约"。接口由某些类提供,为另外某些类所需要。因此,同一个接口在不同的语境下分别被称为提供的接口(Provided Interface)和必需的接口(Required Interface)。在组合结构图中,端口和提供的接口以及必需的接口联系在一起,提供的接口指的是一个分类器提供给环境的一些功能,必需的接口指的是当它的环境通过某个接口时所需要的接口。图 6.8 是一个包含提供的接口和必需的接口的组合结构图。

5) 协作

UML 对协作(Collaboration)的定义是:"一个协作描述了一组为共同完成所要求的功能而进行协作的元素(角色)的结构,其中每个元素执行其特定的功能"。在组合结构图中,协作定义了一系列相互合作的职责,所有的这些职责完成一个功能。一个协作应该只显示完成它定义好的任务或功能所需的职责和属性,将主要的职责分离开来有助于简化结构和明晰行为,也提供了一种重要的方法。

协作可以包括来自正在建模系统的不同部分的类,并且单个类可以具有不同的角色并参与多个协作,这意味着协作中的角色会引用或输入类,却不会实际拥有或包含所引用的类。

如图 6.9 所示,协作显示为一个由虚线组成的椭圆,里面包含两个部分。

图 6.8　包含提供的接口和必需的接口的组合结构图　　　　图 6.9　协作

2. 操作演示

实例 1:在 RSA 中创建组合结构图

(1) 在需要创建组合结构图的包中右击,选择"添加图",在下一级子菜单中选择"组合结构图"。

(2) 打开组合结构图之后,可以在"属性"视图中的"常规"选项卡对其进行重命名。

(3) 在右边的"组合结构"抽取器中,选择相应的 UML 元素进行建模,图 6.10 是在RSA 中画好的一个组合结构图。

图 6.10 所示的组合结构图示例中,包含两个类:Car 和 Wheel。组合结构图标识了容器分类器 Car,这个图中展示了它内部的 4 个组成部件(Part),每个部件都有其名字和类型,

图 6.10　组合结构图实例

在两个前轮和两个后轮之间用连接器连接起来,表示它们之间有通信的关系。这样为 Car 分类器创建实例时,它包含的构件(4 个 Wheel 的实例)都会被创建起来,并且这 4 个实例由 Car 的实例维护,前轮和后轮之间用连接器连接。

实例 2:在 RSA 的组合结构图中添加端口

(1) 创建一个组合结构图或打开一个已经存在的组合结构图。

(2) 在右边的“选用板”视图中,选择“组合结构”抽取器中的“端口”。

(3) 在需要加入端口的元素中单击即可,图 6.11 是一个包含端口的组合结构图。

图 6.11　包含端口的组合结构图

实例 3:在 RSA 的组合结构图中添加提供的接口和必需的接口

(1) 创建一个新的组合结构图或打开一个已经存在的组合结构图。

(2) 在右边的“选用板”视图中,选择“组合结构”抽取器中的“提供的接口”或“必需的接口”。

(3) 在组合结构图中的某个端口上单击即可,图 6.12 是一个包含提供的接口和必需的接口的组合结构图。

图 6.12 包含提供的接口和必需的接口的组合结构图

3．课堂实训

以"图书管理系统"为例，为 ReaderAccount 类（读者账户类）创建组合结构图。在分析模型阶段，ReaderAccount 中的类图主要设计了以下分析类：Reader（读者实体类）、Reserve（预订图书记录实体类）、Loan（借阅图书记录实体类）、ModifyReaderInfoController（修改读者信息边界类）、AddReaderInfoController（添加读者信息控制类）、ReserveBookController（预订图书控制类）、BorrowBookController（借阅图书控制类）、DeleteReaderInfoController（删除读者信息控制类）、IssueFineController（缴纳罚款控制类）和 FineCharge（罚款记录实体类）。在建立设计模型阶段，在 RSA 中为 ReaderAccount 类添加组合结构图的过程如下。

1）复制 ReaderAccount 类

将位于分析模型的类复制到设计模型的包中。在项目资源管理器中，展开分析模型的包，用鼠标右键单击 ReaderAccount 类，在弹出的菜单中选择"复制"命令，然后展开设计模型，右键单击需要添加组合结构图的包，在弹出的菜单中选择"粘贴"命令，ReaderAccount 就被复制到了设计模型中，如图 6.13 所示。

2）创建 ReaderAccount 的组合结构图

在资源管理器中，右键单击 ReaderAccount 类节点，在弹出的菜单中选择"添加图"→"组合结构图"命令，并在"属性"视图的"常规"→"名称"中将其重命名为"ReaderAccount_StructureDiagram"。根据在分析模型中绘制的分析类图，

图 6.13 复制后的设计模型

RSA 自动为开发人员添加了 ReaderAccount 的部件，如图 6.14 所示。

图 6.14   ReaderAccount 的组合结构图

3）添加连接器

fineCharge 部件和 issueFineController 部件之间存在关联关系，为它们添加连接器。

（1）在组合结构图选用板中选择连接器选项 ✎。

（2）然后分别单击 fineCharge 部件和 issueFineController 部件，为它们添加连接器。

如图 6.15 所示，是添加了连接器的组合结构图。

图 6.15   添加了连接器的组合结构图

6.2.2　状态图

1．知识精讲

状态图（在 RSA 中又称状态机图），用于在 UML 中建立动态模型，主要描述系统随时间变化的行为，这些行为是用从静态视图中抽取的系统的瞬间值的变化来描述的。在对象的生命期建模中，状态图显示了一个状态机，展示的是单个对象内从状态到状态的控制流。状态图通过对类的对象的生存周期建立模型来描述对象随时间变化的动态行为。

UML 状态图中的状态是指在对象的生命周期中满足某些条件、执行某些活动或等待某些事件时的一个条件或状况。状态用圆角矩形表示，初态（Initial States）用实心圆点表示，终态（Final States）用圆形内嵌圆点表示。

图 6.16　状态机图抽取器

状态图由状态、转换、事件、活动和动作 5 部分组成，是展示状态与状态转换的图。通常一个状态图依附于一个类，并且描述一个类的实例。状态图包含一个类的对象在其生命周期期间的所有状态的序列以及对象对接收到的事件所产生的反应。它是状态节点通过转移连接的图，描述了一个特定对象的所有可能状态，以及由于各种事件的发生而引起状态之间的转移。大多数面向对象技术都使用状态图来描述一个对象在其生命周期中的行为。

图 6.16 是 RSA 提供的状态机抽取器。

1）状态

状态（State）是状态图的重要组成部分，它描述了状态图所建模对象的动态行为产生的结果。状态描述了一个对象生命期中的一个时间段，它建模的对象包括：在某些方面性质相似的一组对象值，对象等待一些事件发生时的一段时间，对象执行持续活动时的一段时间等。一个状态可以包含别的状态，一般称为嵌套状态或者子状态。状态也能包含一些行为，行为指的是当一个对象在某个状态的时候能发生的任务。

状态用一个圆角矩形来表示，矩形顶部显示状态的名称，如图 6.17 所示。

图 6.17　状态的表示

RSA 中的状态类型分为以下 5 种，如表 6.1 所示。

表 6.1　RSA 中的状态类型

状 态 名 称	说　　明
简单状态（Simple State）	这种状态没有区域
组合状态（Composite State）	包含一个区域状态
正交状态（Orthogonal State）	包含一个或多个区域状态
最终状态（Final State）	指放在组合状态中的一个状态，表示在这个区域里活动结束了
子机状态（Submachine State）	指引用了别的状态机的状态，在 RSA 中可以通过双击子机状态来查看具体引用的实现

2）初始状态

初始状态（Initial State）是一个状态图中一系列状态的起始点，只能作为转换的源，而不能作为转换的目标。初始状态在一个状态图中只允许有一个，用一个实心圆表示，如图6.18所示。

3）最终状态

最终状态（Final State）是一个状态图中一系列状态的终止点。最终状态只能作为转换的目标，而不能作为转换的源。最终状态在一个状态图中可以有多个，它用一个套有实心圆的空心圆来表示，如图6.19所示。

图6.18　初始状态　　　　　　　　　图6.19　终止状态

4）转换

转换（Transition）显示了两个状态或者伪状态之间的联系（或者叫路径），每个转换用一个警戒来指定这个转换能否被允许。一个转换包含三个部分：触发器（Trigger）、警戒（Guard）和结果（Effect）。

（1）触发器：触发器通常是一个事件，表示在什么条件下可能会导致这个转换的发生。

（2）警戒：它是一个约束，当状态机触发了一个事件时，会通过这个表达式的值来决定这个转换是否被允许。警戒不应对状态的变化有任何影响，并且它的计算结果必须是布尔类型的。

（3）结果：指触发转换时将发生的可选活动。活动可以是操作、属性、拥有的分类器的连接，以及触发事件的任何参数。一个活动可以显式地产生事件，如发送消息或调用操作等。

在RSA中提供了4种事件类型，如表6.2所示。

表6.2　RSA中的事件类型

事件类型	说明
调用事件（Call）	是一个表示接收请求以调用某项操作的事件。一个对象接到了请求去调用一个操作，对这个操作的调用触发了转换。RSA中可以给这个调用事件指定一个操作名字，这个名字可以在生成调用触发器的时候指定
更改事件（Change）	更改事件是一个表示条件的事件。该条件由一个布尔表达式定义，当布尔表达式的值从false更改为true时就会触发一次转换
信号事件（Signal）	信号事件表示一条特定的消息，当一个对象接收到了该消息时就会触发转换
时间事件（Time）	时间事件是指当时间到达某个特定时刻，或某个阈值时，将要触发的事件。它表示已定义的时间段，或者一个绝对时间的推移。当满足时间值时，就会启动具有时间事件触发器的转换

5）伪态

伪态（Pseudostate）在UML中是用来联合和指示转换的。RSA状态图中提供的伪态如图6.20所示。

RSA中的伪态类型如表6.3所示。

图 6.20　RSA 状态图中的伪态类型

表 6.3　RSA 中的伪态类型

伪 态 类 型	说　　　明
初始状态 (Initial Pseudostate)	初始状态放在一个区域里,它标识了一个起始点,当一个转换执行到组合状态边界的时候就会运行它。当有一个或者多个从初始状态发出的转换的时候,起始的状态由每个转换的警戒条件的运算值决定
选项点(Choice)	接收单个进入转换,然后输出两个转换,每个转换都有一个警戒条件,其中一个警戒条件的结果为 true
结点(Junction)	将多个可能的转换放到一个伪态中,一个或多个转换可以离开结点到别的状态中去
深度历史记录 (Deep History)	转换为组合状态中的深历史记录状态时,将调用紧接在最近一次退出组合状态之前的活动状态。可以按任意深度来嵌套最后的活动状态。转换必须使最后的活动状态直接脱离组合状态
浅度历史记录 (Shallow History)	转换为组合状态中的浅历史记录状态时,将调用在最近一次退出组合状态之前的最后一个活动状态,该活动状态的嵌套深度与历史记录状态本身的深度相同
连接(Join)	接收两个或多个流入转换,这些转换相遇之后组成一个流出转换。进入结合伪状态的每个流入转换必须来源于一个正交状态的不同区域
派生(Fork)	接收一个流入转换,然后该转换分成两个或多个流出转换。来自分叉伪状态的每个流出转换必须以一个正交状态的不同区域中的状态为目标
入口点(Entry Point)	位于状态机或组合状态的边界上或者某一区域中,而在该组合状态中,有单个流出转换将转换为子状态。当可以通过多种方式进入某一状态并且转换没有单个默认子状态作为目标时,就可以使用入口点伪状态
出口点(Exit Point)	位于状态机或组合状态的边界上或者某一区域中,而在该组合状态中,有单个流入转换来源于某一子状态。当可以通过多种方式退出某一状态时,就可以使用出口点伪状态。每个出口点可以是外部转换的源
终止(Terminate)	表示状态机执行完毕

6）活动

在 UML 建模中,可以对简单状态、组合状态和正交状态添加"执行"、"进入"或"退出"活动(Activity),描述正处于特定状态的活动或者仅当进入或退出某一状态时才会执行的活动。当处于某一状态时,就会发生"执行"活动。当进入某一状态时,就会发生"进入"活动。当退出某一状态时,就会发生"退出"活动。

UML 提供了三种保留活动,如表 6.4 所示。

表 6.4　UML 中的保留活动

活 动 名 称	说　　　明
入口活动	在进入某一状态前将执行的活动。在状态进入时被触发,入口活动在所有别的活动发生之前执行
出口活动	在退出某一状态时将执行的活动。在状态离开时被触发,出口活动在所有别的活动发生完成之后执行
执行活动	当进入某一状态时就会开始执行的活动,并且会一直执行到完成该活动或者退出该状态为止

如果执行活动完成了,它会产生一个完成事件,这个完成事件会触发一个转换。如果这里有一个完成转换(是指一个没有别的事件条件的转换),则出口活动将会被执行,然后状态的转换就发生了。如果在执行活动完成之前,别的事件导致状态的变化,则当前的活动就终止,并且出口活动开始执行,出口活动执行完毕之后转换就发生了。

2．操作演示

实例 1：在 RSA 中创建状态图

(1)选择需要创建状态图的包,右击,选择"添加图",在下一级子菜单中选择"状态机图"。

(2)打开状态机图之后,可以在"属性"视图中的"常规"选项卡对其进行重命名。

(3)在右边的"状态机"抽取器中,选择相应的 UML 元素进行建模,图 6.21 是一个自动柜员机读取金额的状态机。

图 6.21　银行柜员机读取金额的状态机

实例 2：为一个转换指定事件

（1）打开一个已经存在的状态图或者创建一个新的状态图。

（2）放入两个新的状态，并将两个状态用转换连接。

（3）选中连接两个状态的转换，在"属性"视图中，选择"触发器"页面，然后单击"添加"按钮，在出现的对话框中选择相应的事件类型即可，如图 6.22 所示。

图 6.22 选择事件

实例 3：创建一个包含"选项点"伪态的状态图

（1）选择需要创建状态图的包，右击，选择"添加图"，在下一级子菜单中选择"状态机图"。

（2）打开状态机图之后，可以在"属性"视图中的"常规"选项卡中对其进行重命名。

（3）在右边的"状态机"抽取器中，选择相应的伪态类型元素进行建模，图 6.23 是一个包含"选项点"伪态的状态图。

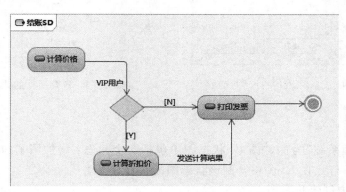

图 6.23 包含"选项点"伪态的状态图

实例 4：在状态中添加活动

（1）打开一个已经存在的状态图或者创建一个新的状态图。

（2）在状态图中绘制一个状态。

（3）右击该状态，单击"属性"菜单命令，在弹出的"属性"对话框中，选择"常规"，然后单击"添加"按钮，如图 6.24 所示。

在弹出的"添加行为"对话框中，输入行为名称，选择行为类型（入口、执行活动或出口），单击"确定"按钮，如图 6.25 所示。

图 6.26 是一个包含入口、执行活动和出口的状态。

图 6.24　状态的属性对话框

图 6.25　"添加行为"对话框

图 6.26　包含活动的状态

3. 课堂实训

以"图书管理系统"为例,"图书"状态图中包括 5 个状态:增加图书、在库图书、删除图书、图书借出和预订。在 RSA 中绘制该状态图的过程如下。

1) 在 RSA 中创建状态图

(1) 选择要创建的状态图所在的包,右击,在弹出的菜单中选择"添加图"→"状态图"命令。

(2) 打开状态图之后,在"属性"视图中的"常规"选项卡中对其进行重命名。

如图 6.27 所示,创建了一个名称为"图书"的状态图。

图 6.27　新建的名称为"图书"
的状态图

2) 添加状态

(1) 在选用板中选择"状态机"抽取器,单击"初始状态"选项,然后在状态图中单击,则生成一个"初始状态"。

(2) 在"状态机"抽取器中单击"状态"选项,然后在状态图中单击,则生成一个新状态,最后在"属性"视图中的

"常规"→"名称"中将其重命名为"增加图书"。

（3）同样的方法完成"在库图书"、"删除图书"、"图书借出"以及"预订"状态的添加。

（4）在"状态机"抽取器中单击"最终状态"选项，然后在状态图单击，则生成一个"最终状态"。

图 6.28 是一个添加了状态的图书状态图。

3）添加转换事件

（1）在"状态机"抽取器中，选择"转移"选项→，将两个状态用转换连接起来。

（2）选中连接两个状态的转换，在"属性"视图中，选择"触发器"选项，然后单击"添加"按钮，在出现的对话框中设置对应的事件类型即可。

根据选择事件的不同，需要指定不同的条件，具体说明如下。

（1）如果选择的是"调用事件"，则需要指定一个事件，可以是"创建事件"或者"选择现有事件"。如果指定的是"创建事件"，则需要在"元素"中选择"创建元素"或者"选择现有元素"。如选择了"创建元素"，则在该状态机中会自动生成一个"操作"的元素。图 6.29 是选择"调用事件"作为转换触发器的对话框。

图 6.28　添加了状态的图书状态图

图 6.29　选择"调用事件"作为转换的触发器

（2）如果选择"更改事件"，则需要指定一个值，以决定是否执行该转换，只有当 flag 为 true 时才会执行该转换。图 6.30 是一个选择"更改事件"作为转换触发器的对话框。

图 6.30　选择"更改事件"作为转换的触发器

（3）如果选择"时间事件"，则需要指定转换发生的时间。除此之外，事件类型还有"信号事件"和"任何接收事件"。

图6.31是一个添加了转换事件的图书状态图。

图6.31　添加了状态转换的图书状态图

6.2.3　组件图

1.知识精讲

组件图显示软件系统的结构，它描述了软件组件及其接口和依赖关系。可以使用组件图来对高级别的软件系统建模或者显示处于较低的包级别的组件。

组件图支持基于组件的开发，采用这种开发方法时，软件系统被划分为可复用和可替换的组件和接口。

组件图表示的是软件系统中组件及其接口和依赖关系，而组合结构图用来表示一个类元或协作的内部结构。

组件图的特点如下。

（1）组（构）件可以是可执行程序、库、表、文件和文档等，它包含逻辑类或者逻辑类的实现信息，因此逻辑视图和实现视图之间存在映射关系。

（2）组（构）件间也存在依赖关系，利用它可方便地分析一个组（构）件的变化会给其他组（构）件带来怎样的影响。

（3）组（构）件图中也可包括包或子系统，它们都用于将模型元素组织成较大的组块。

组件图中通常包含三种元素：组件、接口和依赖关系。每个组件实现一些接口，并使用另一些接口，如果组件间的依赖关系与接口有关，那么可以被具有同样接口的其他组件所替代。

组件图的主要应用领域如下。

（1）为源代码建模。

（2）为可执行版本建模。

（3）为数据库建模。

（4）为自适应系统建模。

使用组件图有利于：

（1）帮助客户理解最终的系统结构。

（2）使开发工作有一个明确的目标。

（3）帮助开发组的其他人员理解系统。

（4）复用软件组件。

RSA 中提供的组件图元素如图 6.32 所示。

图 6.32 组件图中的元素

1）组件

组件（Component）是表示系统的独立可互换部件的模型元素。它们符合并实现所提供的和必需的一个或多个接口，这些接口将确定组件的行为。

组件使得系统更灵活、更易扩展和更易复用。

对于一个可替换的组件，它必须满足以下条件。

（1）必须隐藏该组件的内部结构。组件和其他对象的内容之间不能存在依赖关系。

（2）组件必须提供接口，以便外部对象可以与它们进行交互。

（3）组件的内部结构必须是独立的。内部对象必须不知道外部对象。

（4）组件必须指定它们必须的接口，以便它们能够访问外部对象。

组件是系统中遵从一组接口且提供实现的一个物理部件，通常指开发和运行时类的物理实现。组件常用于对可分配的物理单元建模，这些物理单元包含模型元素，并具有身份标识和明确定义的接口，它具有很广泛的定义，以下的一些内容都可以被认为是组件：程序源代码、子系统、动态链接库等。

图 6.33 组件的表示

在 RSA 中，组件用一个标注了"组件"构造型的矩形来表示，如图 6.33 所示。

在软件建模中，组件可以分为以下三种类型。

（1）配置组件（Deployment Component）：配置组件是构成一个可执行系统必要和充分的组件，如动态链接库（DLL）、二进制可执行体（EXE）、ActiveX 控件和 JavaBean 组件等。

（2）工作产品组件（Work Product Component）：这类组件主要是开发过程的产物，包括创建实施组件的源代码文件及数据文件，这些组件并不是直接地参加可执行系统，而是开发过程中的工作产品，用于产生可执行系统。

（3）执行组件（Execution Component）：这类组件是作为一个正在执行的系统的结果而被创建的，如由 DLL 实例化形成的 COM＋对象。

一般来说，组件在许多方面与类相同：二者都有名称；都可以实现一组接口；都可以参与依赖、泛化和关联关系；都可以被嵌套；都可以有实例；都可以参与交互。但是组件和类之间也有一些显著的差别。

（1）类表示逻辑抽象，而组件表示存在于计算机中的物理抽象。简言之，组件是可以存在于可实际运行的计算机上的，而类不可以。

（2）组件表示的是物理模块而不是逻辑模块，与类处于不同的抽象级别。组件是一组其他逻辑元素的物理实现（如类及其协作关系），而类只是逻辑上的概念。

（3）类可以直接拥有属性和操作，而一般情况下，组件仅拥有只能通过其接口访问的操作。这表明虽然组件和类都可以实现一个接口，但是组件的服务一般只能通过其接口来访问。

2）接口

接口（Interface）是用来定义其他模型元素（例如，类）或组件必须实现的多组操作的模型元素。已实现的模型元素通过重写由接口声明的每项操作来实现接口。

可以在类图和组件图中使用接口来指定接口与实现该接口的类元之间的合同。每个接口都指定了一组严格定义的具有"公有"可视性的操作。操作特征符告知实现类元要调用哪种行为，但是不会告诉它们应该如何调用该行为。多个类元可以实现单个接口，每个类元提供唯一的实现。

接口支持通过公开声明某些行为或服务来隐藏信息和保护客户机代码。通过实现此行为来实现接口的那些类或组件简化了应用程序的开发过程，这是因为编写客户机代码的开发者只需知道接口即可，而不需要了解有关实现的详细信息。如果替换模型中用来实现接口的类或组件，那么用新的模型元素实现相同的接口时，不需要重新设计应用程序。

接口是一组用于描述类或组件的一个服务的操作，它是一个被命名的操作的集合，与类不同，它不描述任何结构（因此不包含任何属性），也不描述任何实现（因此不包括任何实现操作的方法）。每个接口都有一个唯一的名称。

组件的接口可以分为以下两种类型。

（1）提供的接口：描述了类或组件提供给客户的服务。

（2）必需的接口：指定了要调用这个类或组件所需要提供的接口。

3）关系

在 UML 中，关系（Relationship）是模型元素之间的连接。UML 关系是这样一种模型元素：它通过定义模型元素的结构和模型元素之间的行为来对模型添加语义。

关系表示的是事物之间的联系，在组件图中，组件之间的关系主要包括使用关系（Usage）、组件实现关系（Realization）、接口实现关系（Implementation）、关联关系（Association）和抽象关系（Abstraction），如表 6.5 所示。

表 6.5　组件图中的关系

关系名称	说　　明
使用关系	使用关系是一种依赖关系。如果一个模型元素（客户）需要另一个模型元素（供应者）才能完全实现或操作，那么这两个模型元素之间就存在使用关系。RSA8.5.1 中的用途关系，用使用关系更贴切，RSA8.5.1 中文版存在一些翻译不准确的问题
组件实现关系	如果一个模型元素（客户）实现另一个模型元素（供应者）指定的行为，那么这两个元素之间就存在组件实现关系。多个客户可以实现单个供应者的行为。可以在类图和组件图中使用实现关系
接口实现关系	接口实现关系是类元与提供的接口之间的私有类型的实现关系。接口实现关系指定在实现类元时必须遵守提供的接口指定的合同
关联关系	关联关系是指两个类元（例如，类或用例）之间的关系，这两个类元用来描述该关系的原因及其管理规则
抽象关系	抽象关系就是在不同抽象级别或者从不同视点来表示同一概念的模型元素之间的依赖关系。可以在多个图（包括用例图、类图和组件图）中对模型添加抽象关系

2．操作演示

实例1：在 RSA 中创建组件图

（1）选择要创建状态图所在的包，右击，选择"添加图"，在下一级子菜单中选择"组件图"。

（2）打开组件图之后，可以在"属性"视图中的"常规"选项卡中对其进行重命名。

（3）在右边的"组件"抽取器中，选择相应的 UML 元素进行建模，图 6.34 是一个组件图示例。

实例2：在 RSA 中画一个组件

（1）打开一个已经存在的组件图或者创建一个新的组件图。

（2）在右边的"选用板"视图中，选择"组件"抽取器中的"组件"。

（3）在组件图中单击即可。图 6.35 是 RSA 中组件的表示。

图 6.34　RSA 中的组件图

图 6.35　RSA 中组件的表示

在默认情况下，RSA 不会显示各个隔间的标题，并且"属性"、"操作"、"实现"、"结构"等隔间也不会被显示出来，用户可以通过选中该组件，在"属性"视图中选择"外观"标签，然后在"显示部分"和"显示部分标题"选项组中选择要显示的内容。

3．课堂实训

以"图书管理系统"为例，系统中共包含三个组件：系统服务组件、系统管理组件和系统维护组件，系统管理和系统维护组件都使用了系统服务组件提供的功能。在 RSA 中绘制该系统组件图的过程如下。

1）在 RSA 中创建组件图

（1）选择要创建组件图的包，右击，在弹出的菜单中选择"添加图"→"组件图"命令。

（2）打开组件图之后，在"属性"视图中的"常规"选项卡中对其进行重命名。

如图 6.36 所示，创建了一个名称为"ComponentDiagram"的系统组件图。

2）添加组件

（1）在组件图的选用板中选择"组件"选项 ▄。

（2）在组件图中单击，然后在"属性"视图中的"常规"→"名称"中对其重命名为"系统服务"，完成"系统服务"组件的添加。

▲ 🗁 System Service
　🗋 ComponentDiagram

图 6.36　名称为"ComponentDiagram"的组件图

（3）同样的方法完成"系统管理"组件和"系统维护"组件的添加。

图6.37是一个添加了组件的组件图。

3）添加关系

（1）在组件图的选用板中，选择"用途"选项 ↗。

（2）在组件图中拖动鼠标连接"系统管理"和"系统服务"两个组件。注意箭头指向被使用组件－系统服务。

（3）用同样的方法，连接"系统维护"与"系统服务"两个组件。

图6.38是一个添加了关系后，绘制完成的"图书管理系统"组件图。

图6.37 添加了组件的组件图　　　图6.38 图书管理系统组件图

6.2.4 部署图

1. 知识精讲

部署图用于对系统的物理结构建模。部署图将显示系统中的软件组件和硬件组件之间的关系以及处理工作的物理分布。

部署图通常是在开发过程中的实现阶段准备的，它显示分布式系统中的节点的物理布局、存储在每个节点上的工件以及工件实现的组件和其他元素。节点表示一些硬件设备（例如，计算机、传感器和打印机）以及支持系统运行时环境的其他设备。通信路径和部署关系用于对系统中的连接建模。

部署图对于指定和说明下列类型的系统以及使这些系统可视化是很有效的。

（1）使用受外部激励控制的硬件的嵌入式系统。例如，受温度变化控制的显示器。

（2）通常会区分系统的用户界面和持久数据的客户/服务器系统。

（3）具有多台服务器并且可以主管多个版本的软件工件的分布式系统。某些版本的软件工件甚至可以从一个节点迁移到另一个节点。

因为部署图主要用于配置运行时处理节点及其组件和工件，所以可使用此类型的图来评定分布和资源分配的含义。

部署图（Deployment Diagram）用于静态建模，是一种表示运行时过程节点（Node）、结构、组件实例及其对象结构的图，展示了组件图中所提到的组件如何在系统硬件上部署，以及各个硬件部件如何相互连接。UML部署图显示了基于计算机系统的物理体系结构。它可以描述计算机，展示它们之间的连接，以及驻留在每台机器中的软件。每台计算机用一个立方体来表示，立方体之间的连线表示这些计算机之间的通信关系。

一个UML部署图描述了一个运行时的硬件节点，以及在这些节点上运行的软件构件

的静态视图。部署图显示了系统的硬件、安装在硬件上的软件,以及用于连接异构机器之间的中间件。创建一个部署模型的目的包括:

(1) 描述系统投产的相关问题。

(2) 描述系统与生产环境中的其他系统间的依赖关系,这些系统可能是已经存在或是将要引入的。

(3) 描述一个商业应用主要的部署结构。

(4) 设计一个嵌入系统的硬件和软件结构。

(5) 描述一个组织的硬件/网络基础结构。

部署图所提供的元素如图 6.39 所示,节点中提供的类型如图 6.40 所示,工件中提供的类型如图 6.41 所示。

图 6.39　部署图的元素　　　图 6.40　节点的类型　　　图 6.41　工件的类型

1) 节点

在 UML 建模中,节点(Node)是用来表示系统的计算资源(例如,个人计算机、传感器、打印设备或服务器)的模型元素。可以使用通信路径将节点互相连接起来以描述网络结构。

节点中可以包含其他节点(称为嵌套节点),并且还可以在这些节点上部署工件。

通常,节点名称用来描述它表示的硬件。

为分布式系统开发软件时,可以在部署图中使用节点来对系统执行的不同组件建模。例如,电子商务应用程序可能让一些软件在客户机上运行,而让另一些软件在公有服务器上运行。这些不同的组件是由节点表示的。每个节点部署的工件可以列示在它的“部署”部分中,或者使用部署关系来明确显示。

节点代表一个运行时计算机系统中的硬件资源。节点通常拥有一些内存,并具有处理能力。例如一台计算机、一个工作站等其他计算设备都属于节点。

在 RSA 中,节点用一个标有“节点”构造型的立方体来表示,如图 6.42 所示。RSA 还提供了一种节点叫“构造型节点”(Stereotype Node),这种构造型节点代表的是一种特定类型的硬件,在 RSA 选用板的部署图下提供了很多构造型节点(RSA8.5.1中文版翻译为构造的节点)。

图 6.42　节点的表示

2) 设备

设备(Device)是一种节点类型,用来表示系统中的物理计算资源,例如,应用程序服务器。

一个设备可以包含另外的设备,例如,一个应用程序服务器可以包含一个处理器。设备和节点有点儿不一样,不同点在某种配置文件里表现得更加明显,在这个配置文件里指定了在某个特殊的环境中不同的设备。图6.43是设备的表示。隔间里显示了属性、部署的元素、嵌套的节点,以及设备的内部结构等。

3)执行环境

执行环境(Execute Environment)是一种节点,它代表了特定的执行平台,如一个操作系统或者数据库管理系统。通过执行环境可以指定某种应用的上下文环境。图6.44是RSA中执行环境的表示,执行环境显示为一个三维矩形中包含名称和执行环境图标,而执行环境图标是一个包含命令提示符的小矩形。执行环境的隔间显示的信息和设备中的一样,即显示了有关执行环境的属性、部署的元素、嵌套的节点,以及设备的内部结构。

图6.43　设备的表示　　　　　　　图6.44　执行环境的表示

4)部署规范

部署规范(Deployment Specification)实际上是一个配置文件,例如一个文本文件或一个XML文档,它定义了一个工件是如何部署在节点上的。一个部署规范列举出属性,这些属性定义了一个组件或者是部署在节点内部的工件的执行参数。参数可能包含并发、执行,以及基于事务的。RSA部署规范图标的隔间里显示了它的属性和操作。

5)关系

部署图中的关系(Relationship)主要包括关联关系(Association)、通信路径(Communication Path)、部署关系(Deployment)、泛化关系(Generalization)和显示关系(Manifestation),如表6.6所示。

表6.6　部署图中的关系

关系名称	说　明
关联关系	在UML模型中,关联关系是指两个类元(例如,类或用例)之间的关系,这两个类元用来描述该关系的原因及其管理规则。 关联表示用于将两个类元联系起来的结构关系。与属性相似,关联记录了类元的特性。例如,在两个类之间的关系中,可以使用关联来显示用户对应用程序中包含数据的类的所做的设计决策,还可以显示这些类中的哪些类需要共享数据。可以使用关联的可导航性功能部件来显示一个类的对象如何访问另一个类的对象,或者,在自身关联中如何访问同一个类的对象。 关联名称描述两个类元之间的关系的性质,且应该是一个动词或短语。在图编辑器中,两个类元之间的关联用一条实线来表示
通信路径	在UML建模中,通信路径是部署图中的节点之间的一种关联类型,它说明节点之间如何交换消息和信号。 指定通信路径时,可以定义在每一端可连接的节点数。还可以使用标注来标识通信中使用的协议或网络类型
部署关系	指定了可以支持工件的部署的节点
泛化关系	泛化关系已经在类图中定义了,请参见类图中对泛化的介绍
显示关系	表示在工件中出现的建模元素,例如组件或者类等

2. 操作演示

实例 1：在 RSA 中创建部署图

(1) 选择要创建图的包,右击,选择"添加图",在下一级子菜单中选择"部署图"。

(2) 打开部署图之后,可以在"属性"视图中的"常规"选项卡中对其进行重命名。

(3) 在右边的"部署"抽取器中,选择相应的 UML 元素进行建模,图 6.45 是一个汽车租赁系统的部署图。

图 6.45　汽车租赁系统的部署图

实例 2：在 RSA 中画设备

(1) 打开一个已经存在的部署图或者创建一个新的部署图。

(2) 在右边的"选用板"视图中,选中"部署"抽取器中的"设备"。

(3) 在部署图中单击即可。图 6.46 是 RSA 中的一个设备。

图 6.46　一个名叫"Server"的设备

3. 课堂实训

以"图书管理系统"为例,系统中需要部署的节点主要包括:数据库服务器、应用服务器和客户端,其中,客户端又分为系统管理员客户端、图书管理员客户端和读者客户端。三种客户端通过网络调用应用服务器,应用服务器则调用数据库服务器。在 RSA 中绘制该部署图的过程如下。

1) 在 RSA 中创建部署图

(1) 选择要创建图的包,右击,在弹出的菜单中选择"添加图"→"部署图"命令。

(2) 打开部署图之后,可以在"属性"视图中的"常规"选项卡中对其进行重命名。

如图 6.47 所示,创建了一个名称为"DeploymentDiagram"的系统部署图。

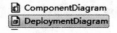

图 6.47　名称为"DeploymentDiagram"的部署图

2) 添加节点

(1) 在部署图的选用板中选择"节点"选项 。

(2) 在部署图中单击,然后在"属性"视图中的"常规"→"名称"中对其重命名为"数据库服务器",完成

"数据库服务器"节点的添加。

（3）同样的方法完成"应用服务器"节点、"系统管理员客户端"节点、"图书管理员客户端"节点以及"读者客户端"节点的添加。

图6.48是一个添加了节点的部署图。

图6.48　添加了节点的部署图

3）添加关系

（1）在部署图的选用板中，选择"依赖性"选项 。

（2）在部署图中拖动鼠标连接"系统管理员客户端"和"应用服务器"两个节点。箭头指向"应用服务器"，表明"系统管理员客户端"依赖"应用服务器"。

（3）同样的方法，连接"图书管理员客户端"与"应用服务器"、"读者客户端"与"应用服务器"、"应用服务器"与"数据库服务器"之间的节点。

图6.49是添加了关系后，绘制完成的"图书管理系统"部署图。

图6.49　"图书管理系统"部署图

思考题

1. 什么是系统设计建模？一个好的设计模型应该具备哪些特征？
2. 什么是组合结构图？组合结构图的作用是什么？它由哪些部分组成？
3. 什么是状态图？状态图的作用是什么？它的要素有哪些？
4. 什么是组件图？组件图有哪些特点？RSA 提供的组件图元素有哪些？
5. 什么是部署图？创建部署图的目的是什么？部署图一般包含哪些元素？

实训任务

按照下面的分析和步骤完成"图书馆管理系统"组合结构图、状态图、组件图、部署图的绘制。

任务 1　用 RSA 绘制"图书管理系统"的"借书"用例组合结构图。为了完成借书过程，需要借阅图书界面类（BorrowBookForm）、借阅图书控制类（BorrowBookController）、图书借阅实体类（BookInfo）、读者实体类（Reader）和图书实体类（Book）。效果如图 6.50 所示。

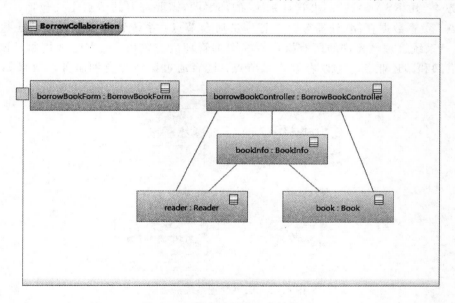

图 6.50　借书用例的组合结构图

任务 2　用 RSA 绘制"图书管理系统"的"借阅图书"状态图，"借阅图书"状态图中包含三个状态：等待卡号和密码、等待图书编号、验证。图书借阅的流程是：首先要求输入读者的卡号和密码，然后输入图书的 ID，最后检查是否允许将图书借出。效果如图 6.51所示。

任务 3　用 RSA 绘制"图书管理系统"的组件图，整个图书管理系统由 5 个组件构成：界面、业务逻辑、借阅、图书和读者。其中，界面组件使用了业务逻辑组件，业务逻辑组件使用了图书、借阅和读者三个组件,而借阅组件则使用了图书和读者两个组件。效果如图 6.52 所示。

图 6.51　借阅图书状态图　　　　图 6.52　图书管理系统组件图

任务 4　用 RSA 绘制"图书管理系统"的部署图,需要部署的节点主要包括:①后台数据库节点:负责数据存储、处理等。②管理员后台节点:系统管理员通过该节点进行后台维护,执行系统管理员允许的所有操作。③图书管理员前置机:图书管理员通过该节点处理读者借阅和归还业务。④读者客户端节点:读者通过该节点自助服务。效果如图 6.53 所示。

图 6.53　图书管理系统部署图

第7章

RSA 对系统实现阶段的支持

知识目标

- 掌握模型与代码之间的转换方法；
- 了解模型驱动开发方法。

技能目标

- 掌握如何在 RSA 中用正向工程生成代码框架；
- 了解如何使用 RSA 进行模型驱动开发；
- 掌握如何在 RSA 中用逆向工程获得 UML 模型。

系统实现阶段就是要创建可以运行的系统，即用具体的程序设计语言实现软件设计的功能。由于 IBM RSA 是基于开发工具 Eclipse 的，我们用 IBM RSA 就可以完成系统的实现。传统的系统实现方法是，由设计模型生成代码框架，程序员根据系统设计模型完成详细的编码工作。而使用模型驱动的软件开发方法，则可以通过模型转换生成可以运行的系统，自动完成系统实现工作。

7.1 从模型到实现

UML 在软件系统中的建模能力和在业界的认可程度越来越高，越来越多的软件开发项目采用 UML 作为项目的分析设计的表述工具。然而，UML 模型作为系统的模型描述最终是要变成各种可编译运行的代码的。从 UML 模型到代码的过程，在过去是通过人工来进行翻译的，而现在，这个模型到代码的转换过程都是通过软件工具来自动化完成的。在 UML 设计之初，就考虑到了模型到代码转化的自动化的问题，因此 UML 模型本身就是适合自动化过程的。如今，已经有很多 UML 工具实现了 UML 模型到代码的转化过程，如 RSA、Together 等。

7.1.1 从 UML 模型转换为 Java 代码

1. 从 UML 模型到 Java 代码转换的规则

在 RSA 中，用户可以通过 UML 到 Java 的转换，将 UML 模型生成 Java 代码。转换生成的 Java 代码元素取决于源 UML 模型的元素和它们的属性。表 7.1 列出了 UML 元素和 Java 代码元素之间的映射。

表 7.1　UML 元素和 Java 代码元素之间的映射

UML 元素	Java 代码元素
包	同名的 Java 包
带有泛型的<< perspective >>包	忽略
带有关键词<< analysis >>或<< Analysis >>的包	忽略
类	同名的 Java 类
带有属性 isLeaf 的类	如果值为 true,Java 类的类型为 final
带有属性 isAbstract 的类	如果值为 true,Java 字段的类型为 abstract
带有泛化关系的类	Java 类继承指定的基类
实现	Java 类实现指定的接口
类和接口之间的实现关系	Java 类实现指定的接口
接口	同名的 Java 接口
有泛化关系的接口	Java 接口继承指定接口
枚举	同名的 Java 接口
枚举文字	同名的 Java 字段
操作	同名的 Java 方法
带有 isStatic 属性的操作	如果为 true,Java 方法的类型为 static
带有 isAbstract 属性的操作	如果为 true,Java 字段的类型为 abstract
带有 isLeaf 属性的操作	如果为 true,Java 字段的类型为 final
与类同名的操作	Java 的构造方法
带有泛型<< create >>的操作	Java 的构造方法
参数	同名的 Java 参数
指定类型的参数	指定类型的 Java 参数
带有 direction 属性的方法	如果设置为 return,Java 方法将返回< param type >; 如果没有设置为 return,Java 方法的签名将带有 < param type >< param name >
带有多重的参数或属性	
0..1	属性,指示字,或引用
1	属性
N(N>1)	数组
1.. * , * ,or x..y	参照表 7.2
属性	同名的 Java 字段
带有 isStatic 的属性	如果为 true,Java 字段的类型为 static
带有 isLeaf 的属性	如果为 true,Java 字段的类型为 final
带有类型的属性	指定类型的 Java 字段

表 7.2 列出了转换如何处理集合的参数和属性。

表 7.2　转换如何处理集合的参数和属性

isOrdered 属性	isUnique 属性	UML collection	生成的 Java 类型
true	true	有序集合	java. util. SortedSet
true	false	序列	java. util. List
false	true	集合	java. util. Set
false	false	无序的单位组	java. util. Collection

2. 从 UML 模型到 Java 代码的转换步骤

在运行任何转换之前,都要先创建转换配置,然后再进行相应的转换,主要的操作如下。

1) 模型转换的创建与配置

(1) 创建一个转换配置

创建转换配置的步骤如下。

① 选择"文件"→"新建"→"变换配置",或者选择"文件"→"新建"→"其他"→"变换"→"变换配置"。

② 在弹出的变换配置对话框中,在"名称"框里输入一个名称。

③ 选择"配置文件目标位置",这个目标位置是用户工作空间的一个相对位置,用户可以指定一个项目名称或者文件夹名称,如果指定一个文件夹名称,则必须在文件夹名称前加一斜杠"/"。

④ 在"变换"列表中选择一个变换类型,这里选择"UML 至 Java",单击"下一步"按钮,如图 7.1 所示。

图 7.1 新建 UML 至 Java 变换配置

⑤ 在弹出的"源和目标"向导中,指定变换操作需要变换的元素以及变换输出的目标,如图 7.2 所示。

图 7.2　选择源和目标配置

　　为了指定"目标"可以单击"创建目标容器"按钮,并在弹出的对话框中完成接下来的配置向导,如图 7.3 所示。

图 7.3　创建目标容器配置

⑥ 最后单击"完成"按钮。创建好的转换配置如图 7.4 所示。

图 7.4　创建好的转换配置

（2）导入转换配置

用户可以从一个 Eclipse 工作空间或者以前导出的转换配置文件导入转换配置。导入转换配置的步骤如下。

① 选择"文件"→"导入"菜单命令。

② 在弹出的"导入"向导中，展开"变换"，然后选择"6.X 变换配置"，单击"下一步"按钮，如图 7.5 所示。

③ 在"导入变换配置"对话框中，配置"导入源"，如图 7.6 所示。

- 如果从工作空间导入，选择"工作空间"，然后指定一个工作空间。
- 如果从已导出的转换配置文件导入，选择"已导出转换配置文件"，然后选择一个 tc 文件。

（3）删除转换配置

用户可以删除不需要的转换配置。删除一个转换配置不会影响转换，也不会影响其他转换配置，用户不能恢复删除的转换配置。

删除转换配置的步骤如下。

① 在"项目资源管理器"中，选择一个转换配置文件（.tc），在这个文件上右击，选择"删

图 7.5 "导入"向导

图 7.6 导入变换配置

除"命令。

② 在确认窗口上单击"确认"按钮即可。

（4）生成转换日志文件

用户在运行转换时可以生成日志文件。这个日志文件记录了规则执行、源元素和目标元素的信息。用户可以通过这个日志文件了解到一个转换是如何将源元素转换为目标元素的，或者在转换没有生成所期望结果时用于调试。生成的日志文件是一个 XML 文件，存放在工作空间的.metadata 文件夹下。

生成日志文件的步骤如下。

① 右击转换配置文件，然后选择"打开"。

② 在打开的页面中，选择"常用选项"下的"生成调试日志"，如图 7.7 所示。

③ 单击"文件"→"保存"保存对转换配置文件的修改。

2）运行 UML 到 Java 的转换

（1）打开上一步创建和配置好的转换配置文件，单击"运行"按钮，如图 7.8 所示。

（2）转换完毕后，Java 代码将被存放在选定的目标项目中，如图 7.9 所示。

图 7.7 生成转换日志
文件配置

图 7.8 打开创建好的配置文件

图 7.9 转换后生成的 Java 代码

其中的 Engine.java 文件和 Address.java 文件的代码如图 7.10 和图 7.11 所示。

7.1.2 从 UML 模型转换为 C++ 代码

用户可以使用 UML 到 C++ 的转换，将 UML 模型转换生成 C++ 代码。与 UML 到 Java 的转换方法类似，只是在选择转换类型的时候选择"UML 至 C++"，如图 7.12 所示。

图 7.10　Engine.java

图 7.11　Address.java

图 7.12　新建 UML 至 C++ 变换配置

　　打开创建好的转换配置文件,单击"运行"按钮转换完毕后,C++代码将被存放在选定的目标项目中,如图 7.13 所示。其中,Route.cpp 代码如图 7.14 所示。

```
*Route.cpp  ×
#include "Route.h"
//Begin section for file Route.cpp
//TODO: Add definitions that you want preserve
//End section for file Route.cpp


//@generated "UML to C++ (com.ibm.xtools.trans
float Route::getFare()
{
    //TODO Auto-generated method stub
    return 0;
}
//@generated "UML to C++ (com.ibm.xtools.trans
const char * Route::print_disclaimer()
{
    //TODO Auto-generated method stub
    return 0;
}
```

C++
　Parts
　　Engine.h
　　Wheels.h
　Strategy
　　Address.h
　　Route.cpp
　　Route.h
　Vehicles
　　Bus.h
　　Car.h
　　Vehicle.h

图 7.13　转换后生成的 C++代码　　　　　　图 7.14　Route.cpp

7.1.3　从 UML 模型转换为 XML 文档

用户可通过 UML 到 XSD 转换将 UML 转换为 XML 或 XSD(XML Schema Definition)。XSD 是 XML 文件的结构定义,可以用来验证 XML 的文件结构是否有效。与其他类型的转换方法类似,只是在选择转换类型的时候选择"UML 至 XSD",如图 7.15 所示。

图 7.15　新建 UML 到 XSD 变换配置

打开创建好的转换配置文件,单击"运行"按钮转换完毕后,XML 或 XSD 代码将被存放在选定的目标项目中,如图 7.16 所示。

其中,Parts. xsd 代码如图 7.17 所示。

```
<?xml version="1.0" encoding="UTF-8"?><xsd:schema xmlns:xs
  <xsd:complexType name="Engine"/>
  <xsd:complexType name="Wheels">
    <xsd:sequence>
      <xsd:element name="diameter" type="xsd:integer"/>
    </xsd:sequence>
  </xsd:complexType>
</xsd:schema>
```

图 7.16　转换后生成的　　　　　　　图 7.17　Parts. xsd
　　　　　XSD 代码

7.2　用 RSA 进行模型驱动开发

软件工程的目标可以说就是为了提高软件开发的效率和质量。软件开发的实现阶段,存在大量重复的、简单的编码工作。近年来出现的模型驱动开发,将建模和实现较好地结合起来,通过模型转换,避免了简单重复的编码工作。而编码工作的重心转移到模型转换程序的编写。本节简单介绍了模型驱动开发方法,希望读者对模型驱动开发方法有所了解。

7.2.1　模型驱动开发概述

1. 模型驱动开发的产生

传统的软件开发过程以代码为中心,即整个项目的开发以代码生产为主要任务。随着软件系统的复杂程度越来越高,代码驱动的开发方法开始面临着以下几个问题。

(1) 疲于应付需求的不断变更。

(2) 文档迅速失效、维护困难。

(3) 项目二期开发生产力无法提升。

(4) 每当一种新的技术产生的时候,必须做许多重复的工作。

(5) 需求工程师、系统分析师、软件工程师、测试人员之间缺少一个共同的交流平台,使得一个项目从需求分析开始无法完整统一地交付后面的流转,结果软件工程师根据自己所获得的信息编写出来的代码,不是用户真正表达和需要的。

为探讨如何解决代码驱动开发方法存在的问题,消除开发过程中各种参与者之间的隔阂,将设计与具体的技术分离,使软件达到更高的复用层次和适应性,产生了模型驱动开发方法(Model-Driven Development,MDD),该方法的示意图如图 7.18 所示。

图 7.18 模型驱动开发方法示意图

模型驱动开发方法(Model Driven Development,MDD)是以软件模型贯穿整个软件的开发过程,通过模型转换,最终生成代码。它是采用对象组织 OMG 的模型驱动架构(Model Driven Architecture,MDA)的软件开发方法。MDA 中涉及的人员可分为如下三种。

(1) MDA 基础研究者:MDA 的建模语言的研究、MDA 的模型转换理论与方法的研究。

(2) MDA 领域应用研究者:领域元建模、领域模型转换方案。

(3) MDA 应用者:应用建模、应用模型转换。

2. 模型驱动开发的定义

模型驱动开发(Model-Driven Development,MDD)是一种新型软件设计方法——面向模型的分析设计方法,系统一开始就首先确立实体模型 Entity Model,以及它们之间的关系,进而可以交由程序员分别实现表现层、业务服务层和持久层,通过使用 Jdon Framework(以下简称 JF)等模型驱动框架,结合 FDD(Feature Driven Development,特征驱动开发)等模型驱动的工程方法,从而正确无误地且快速高质量地完成一个软件开发过程。

可以把 MDD 看作是一种使用模型来进行编程的开发技术。模型是以特定的观点对系统的描述,忽略了不相关的细节,同时更清晰地看到关注的特性。在 MDD 中,模型必须是计算机能够处理的,这样可以用自动化的方式访问模型的内容。为了能够生成工件,模型必须是计算机可以处理的。白板上的图可能会满足作为模型的其他标准,但直到以计算机能够处理的方式获取它时,才能在 MDD 工具链中使用它。

软件模型一般用 UML 表示。UML 模型隐藏了技术实现细节,这样可以利用来自应用领域的概念来设计系统。一般应用程序设计用 UML 建模工具,例如 IBM Rational Software Architect,以及与应用领域相关的概念来实现。

甚至在 MDD 之前,使用 UML 模型来设计软件就是很好的实践。在大部分情况下,以如下两种方式来使用模型。

(1) 作为非正式地传达系统某个方面的框架结构。

(2) 作为描绘人工实现的详细设计的蓝图。

在 MDD 中,模型不仅用作框架结构或蓝图,而且作为主要工件,通过应用转换,由这些工件生成有效的实现。在 MDD 中,在开发新软件组件时,准确地描述面向领域的应用程序模型是主要关注点。代码和其他目标领域工件利用根据建模专家和目标领域专家而设计的转换来生成。

3. 模型驱动开发的特点

MDD 是一种抽象的软件开发设计流程,主要包括以下特点。

(1) 抽象(提高层次)、封装和信息隐藏。通过模型的多个层次(横向和纵向)来隐藏和展现信息,从而使模型更容易被理解。

(2) 以模型为中心。开发过程始终以模型为工作中心。

(3) 不依赖于任何一种特定的实现。模型独立于运行平台的实现细节,这部分往往是最容易发生变化的。

(4) 双向工程。新应用开发——通过正向工程来生成代码,针对遗留系统的开发——通过逆向工程来从代码中抽象出模型。

(5) 应用系统的自动生成。能够从模型生成完全可运行的应用系统。

4. 使用模型驱动开发的 15 个理由

1) MDD 开发更快速

相比传统软件开发,在模型驱动开发(MDD)的软件项目中,应用程序被指定为一个更高层次的抽象模型。通过对模型的解释/执行或产生的代码,抽象模型会自动转化为可工作的软件应用。

在代码方面,因为模型具有更高的抽象层次,所以比相同实现的其他方式具有更小的代码量。换句话说,模型中的每个元素(符号或其他伪编程语言)可以代表多行代码;这样,我们可以在相同的时间内实现更多的功能。比如,对比 Mendix(一个将概念转换为应用的平台)和 Java 开发,MetaEdit+(一种元建模工具)或其他 MDD 开发工具比传统开发方式快 5 倍的速度。

2) MDD 使开发成本更低

MDD 能够以更低的成本高效地实现项目。MDD 的开发速度更高,可以缩短软件产品的交付日期,提早上市时间。其次,使用 MDD 本身就可以用较低的成本完成开发;比如,可以用更少的工程师和非专业人士并保证软件高质量地完成。当然,能节约多少成本还取决于学习 MDD 的成本和开发或购买 MDD 开发工具的成本。

另外,使用 MDD 来改变正在开发和维护的项目也能够节约成本。在维护方面,阅读高抽象模型的应用程序行为更加容易。此外,还可以更快地使用高级语言添加或改进产品的功能。

3)MDD 可以提高开发质量

在使用 MDD 的软件开发过程中,应用程序使用高级的抽象模型,而模型由一个引擎执行或被解释成代码;所以,该程序模块的质量将取决于执行引擎或解释器,而执行引擎或解释器一般是由一流软件公司和专家级程序员打造的。

此外,在项目中所使用的所有好的方法都可以包含在模型驱动开发(MDD)引擎中,并且在使用 MDD 工具开发软件时应用到项目中。如果购买了一个 MDD 工具,也就同时购买了众多优秀的开发工具,因为 MDD 工具建立在过去所有软件项目的优秀技术总结基础上。

4)MDD 出错率更低

每个具有软件开发经验的人都知道,测试会花费开发人员大量的时间和精力。MDD 可以确保我们专注于程序功能的测试,这意味着我们只需进行验收测试。技术细节的测试已经包含在 MDD 测试工具中。比如,对基础构造或安全问题的测试。

5)MDD 的有效性验证

在使用 MDD 时,程序功能本身是低错误的,因为程序的有效性验证是在 MDD 的高层模型中完成的。我们知道,在使用传统的编程语言时,IDE 会提供一些语法检查,甚至会进行静态代码的分析。但这并不能真正帮助我们避免程序的功能性错误。

当使用 MDD 方法时,对特定领域的有效性验证可以在系统设计时进行,由此产生的错误也可以控制在一定的范围内。在使用 Mendix 模型驱动开发工具时,可以使用实时的一致性检查以确保模型的一致性并保证其可以在运行时环境执行。

6)MDD 使人在软件中的影响降低

在第 2 点中提到过使用 MDD 可以用更少的工程师和非专业人士并保证软件高质量地完成。当你不再需要技术专家来建立软件时,可以挑选更多人来为你工作。另外,与传统的开发方式相比,在使用 MDD 的项目中,如果有人中途加入,他可以更容易地理解软件应用的高级模型,因为他不必为搞懂程序的某些功能而阅读大量的源码。

7)MDD 给行业专家更多空间

MDD 可以使行业专家专注于软件的行业特性,而技术专家将集中精力用于构建 MDD 的工具(参见第 8 点)。构建复杂的应用程序将不再是精英程序员的专利,在 MDD 项目中,将允许行业专家用他们自己的知识系统使用特定的符号构建一个模型,并使之融入高层的程序模型中。

8)MDD 使资深程序员只做他们该做的事

在使用 MDD 开发的项目中,开发人员很少进行重复性的工作。他们将有更多的机会在他们的工作中发挥创造性。比如,他们可以关注如何构建 MDD 工具;他们可以指导程序新手进行软件的初级开发或配合行业专家进行系统建模。资深程序员将用更多的精力去进行应用程序中关键部分的技术攻关。比如,行业专家可以为图形用户接口、处理流程和商业规则创建模型。应用的集成部分(WebServices、API 调用、数据库等)对行业专家和开发新手存在困难,但这部分工作留给资深程序员去关注。资深程序员可以轻松而富有创造性地搞定这类项目中难度较大的部分。

9）MDD 将消除业务和 IT 之间的隔阂

业务和 IT 的完美对接是在软件开发中经常被谈及的。MDD 可以用以下方法使业务和 IT 之间走得更近。

（1）行业专家或业务分析人员可以直接参与开发过程（参见第 7 点）。软件的应用部分被定义为一个很高的抽象模型，这些模型将非常接近业务概念中的描述和定义。

（2）因为 MDD 可以更快速地进行开发（参见第 1 点），软件的构建过程将更少的迭代，这将使软件更符合最初的需求（软件交付日期缩短，从市场策划到最终用户的周期变短）。

（3）业务和模型以及模型和 IT 系统之间的定义更加明确。比如，使用模型驱动的面向业务需求（SOA）的一个框架。

10）MDD 使软件开发不再惧怕商业需求变更

软件开发界当前存在的一个问题是商业需求的经常变化，而且这种变化的速度远远高于软件系统本身所容纳的限度。这主要是目前企业的长期战略无法保持足够的时间就产生变化并导致核心 IT 业务经常变化。当前动态的商业环境不得使企业有足够的反应时间。

但 MDD 可以提供有效的解决方案，因为 MDD 可以使软件开发更加快速（参见第 1 点），它还可以使应用程序的改变更加容易（参见第 2 点和第 6 点）。使得商业需求和软件应用模型的关联足够明确，需求变化甚至可以自动传递到软件应用部分的变化（参见第 9 点）。

11）由技术产生的软件变化更少

技术的更新与变化越来越快。想想 Java EE、SOA/SOBA、WebServices、REST、OSGi 和近年来云计算带来的技术变革，MDD 可以确保我们的应用程序模型在迁移到其他技术平台时发生更少变化；我们只需根据所变更的技术平台相应地改版代码编译器或解释器。更换解释器后，所有的程序模型将直接被编译成新平台的代码。

12）MDD 使架构更加强壮

软件公司经常会定义架构标准，软件开发必须按照这些标准行事。但当所有代码都用手工创建时，如何检查或执行这些架构标准？当选择 MDD 进行项目开发时，应用程序会遵守既定的架构标准。你可以确保 IT 架构的标准化，因为这些架构标准在 MDD 工具中被定义。一般地，功能性的架构标准将指导功能设计。这些标准表现在你所采用的 DSL（Domain-Specific Languages，领域特定语言）。在 MDD 中，架构标准指导功能设计，并将在代码编译器和解释器中得到体现。

13）MDD 使开发人员获得更多行业知识

MDD 的另一个好处是，你不只是建立一个软件，在高层的软件模型中，你将获得所建立软件的领域知识。在大多数软件项目中，领域需求的描述并不清晰，我们通常需要与行业专家或领域内不同的用户接触，用他们的专业知识来描述系统需求并建模。在 MDD 中，基于高度抽象的领域模型，我们可以通过行业专家对应用模型的描述获得深入了解具体应用领域的机会。

14）MDD 可以提供最新的文档

当使用 MDD 进行项目开发时，我们无须再忍受不完整或不及时的文档，因为模型就是文档。当使用正确的抽象方法，模型的描述对行业专家和项目需求方具有很高的易读性（请参见第 13 点）。

15）MDD 使项目重心放在业务问题，而不是技术

正如前面提到的，MDD 可以让我们更多地关注业务问题而不是如何将这些问题用技

术实现。所以,不要再讨论我们该使用 Java EE 还是. NET,应该尽快开始 MDD 的学习和项目实践。

5. 模型驱动架构 MDA

MDD 的重要性已经越来越多地被认识,模型驱动开发方法的提出,促进了模型驱动架构(Model Driven Architecture,MDA)工具的诞生。MDA 工具能使建模过程变得高效快捷。

模型驱动开发(Model-driven development,MDD)是由模型驱动体系架构(Model-Driven Architecture,MDA)技术支持并驱动的新软件开发范例,是对象管理组织(Object Management Group,OMG)发布的软件设计方法。MDA 提供一组指南,用于构建表示为模型的规范,从独立于平台的模型(Platform-Independent Model,PIM)开始,通过适当的具体到领域的语言,然后转换为用于实际的实现平台的一个或多个特定平台的模型(Platform-Specific Models,PSMs)。它可以是很多种平台,例如 Java2 Enterprise Edition (J2EE)、CORBA 或. NET。用通常的程序设计语言实现,例如 Java、C♯ 和 Python。MDA 通常用自动化的工具来执行,如 RSA。MDD 由 MDA 驱动,并更着重于模型转换和代码生成。

MDA 通过抽象层次的不同,定义了计算独立模型(CIM)、平台独立模型(PIM)和平台相关模型(PSM)。

计算独立模型(CIM)类似于人们常说的业务模型和用例模型,是一个抽象层次较高、独立于任何实现技术的系统模型,它着眼于操作环境中的系统以及系统需求的描述,而不关心系统本身的结构和功能实现细节。

平台独立模型(PIM)类似于系统分析模型,它处于中间抽象层次,关注系统的整个架构实现,但却忽略掉与平台相关的部分。平台独立模型可以转换成多个平台相关模型。

图 7.19 MDA 的模型及其
转换技术

平台相关模型(PSM)则与设计模型相像,它把平台独立模型与具体使用平台的细节相结合,包含具体平台的特定实现技术。软件开发过程中架构师会根据系统架构的质量要求,选择一种或几种平台技术具体实现系统。如图 7.19 所示是 MDA 的模型及其转换技术。

7.2.2 模型驱动开发方法

1. 模型驱动开发过程

模型驱动开发对构建业务应用软件的方式有着深远的影响,它获得了顶级技术人员的经验及决策,通过为项目的需求所定制的工具使余下的团队可以获得这些经验和决策。由于大量的低层次编码工作已经自动化了,所以开发的成本,以及测试业务软件的成本极大地降低了。错误的数量减少了,并且在工作完成的方式上增加了一致性。

然而,运用 MDD 进行管理软件系统构建时,会涉及内部工程,需要管理一个项目中的另一个项目。内部工程包含模型驱动开发工具的开发,这些工具可以供开发团队在外部项目中构建业务应用程序时使用。一般来说,开始要将一个业务应用程序确定为利用模型驱动开发工具构建的、着重于需求的,并且可以对该方法进行一些调整的第一个项目。一旦开始开发了,就可以将模型驱动开发工具用于构建许多业务应用程序了。

对于两个项目,谨慎地组织和计划非常重要,特别是在一开始的时候。除了与开发项目直接相关的问题之外,还存在着管理额外的内部依赖集性需求。MDD工具需求必须在应用程序开发人员需要它们之前进行确认和开发。两个项目的任务流要互相连接,这样可以确保由MDD工具项目而来的交付产品是及时的。

图7.20展示了MDD工具项目中的任务流。阴影框的任务可能在传统项目中执行,无阴影框的任务是为具体项目构建MDD工具的附加任务。

图 7.20　MDD 项目中的任务流

由MDD项目的任务流示意图可知,MDD项目的开发过程如下。

1)确定业务应用程序的高层结构

(1)创建解决方案架构

定义业务应用程序的概念结构。这可以表示为,在构建业务应用程序时,开发人员将要采用的许多架构风格。

(2)定义运行时环境

定义业务应用程序运行所处的运行环境。这包括所有的测试环境,其中包括单元测试和最终的产品环境。

(3)确定通用的模式和标准

解决方案架构师确定出在业务应用程序中的重复模式。这些模式的经常出现,是由于架构风格的一致使用,或者由于运行时平台的需求。通用的模式可以利用标准的开发过程方式进行描述。

(4) 确定用于复用的现有 MDD 资产

解决方案架构师比较他们的现有 MDD 资产确定出的通用模式,对他们的架构做出任何必要的小调整,从而使用已经可用的内容。现有的 MDD 资产可以来自先前的 MDD 项目,或者来自标准的工具集和软件包。

(5) 定义设计模型

解决方案架构师定义开发人员在开发业务应用程序时必须依据的建模规则。一般开始会选择统一建模语言(Unified Modeling Language,UML),且解决方案架构师会更精确地定义如何利用 UML 来获取设计。解决方案架构师需要了解不同类型的 UML 图(例如,类图、协作图、活动图)以及什么时候适合使用哪一种图。

(6) 确定独立于运行时的组件模型

该任务创建了一个 UML 模型的定义,该模型以独立于运行时的方式为业务应用程序指定了组件。该任务可以由解决方案架构师执行,或者由了解所有运行时环境的有经验的应用程序开发人员执行。

(7) 生成示例组件

应用程序设计人员为典型的场景手动编制业务应用程序示例组件。这些示例组件是作为 MDD 模板和转换的蓝图的。该任务应该由素质最佳的应用程序设计人员执行。

(8) 确定工具系列

该任务确定了开发项目所需的 MDD 工具。该任务是由掌握 MDD 工具开发的人来完成的。一旦完成了该任务,就可以创建构建 MDD 工具的工作的详细计划了。

2) 准备模型驱动开发工具

(1) 从示例工件中抽取模板

MDD 工具开发人员审阅示例组件,并且将它们用作为每个待生成的组件开发模板的基础。模板包含对于已生成组件的每个实例都相同的代码。MDD 工具开发人员需要掌握已生成组件的语言和格式方面的技能。它还包含转换所使用的,根据模型的内容插入组件的具体部分时所需的标志。

(2) 设计、代码、测试转换及模式

该任务需要程序设计能力。对于每个转换或模式,MDD 工具开发人员需要书写阅读 UML 模型的程序代码,然后更新模型,或者对模板进行适当填充,生成新的组件。

(3) 包装 MDD 工具

MDD 工具必须打包成可以安装到每个人或应用程序开发人员的工作台中的形式。包装 MDD 工具的方式包括:

① 根据打包的指导,将所有的文件放入 zip 文件中;

② 使用标准的 Eclipse 插件管理;

③ 使用可复用的资产(Reusable Asset Specification,RAS)存储库;

④ 提供完整的下载 Web 站点。

选择哪种方式依赖于可能安装 MDD 工具的人数。一种合理的方法是着重于支持团队最初的应用程序开发人员,然后当更多人开始使用它时,按照需要升级打包机制。

（4）为应用程序开发人员生成文档及培训资料

解决方案架构师或技术作者介绍了应用程序开发人员如何构建模型，并且选择恰当的转换来生成正确的组件。

（5）利用关键的场景来验证工具系列

这个最后的 MDD 工具开发任务是一个测试角色。MDD 工具建模并生成每个运行时平台所需的所有组件，来支持一些关键的场景。

3）应用程序开发人员使用 MDD 工具

（1）培训应用程序开发人员使用 MDD 工具

在使用 MDD 工具之前，告诉应用程序开发人员新的开发过程是如何工作的。他们需要了解什么时候以及如何使用 MDD 工具，并且还要知道这些工具如何配合他们的传统工具，例如配置管理。

（2）开发业务应用程序

到此，应用程序开发人员可以使用 MDD 工具来构建业务应用程序。

2．模型驱动开发方法的优点及局限性

使用模型驱动开发方法具有下列一些优点。

（1）最小化计划费用，因为所有的阶段都事先安排好了。

（2）需求分析更加透彻，各种文档内容更加详细。

（3）对于所有可行的候选方案，分析得更加完整。

（4）系统设计相对来说比较简单、稳定、适应性强、更加灵活，在系统设计之前模型已建立。

（5）这种方法对于那些技术人员非常熟悉的系统是有效的，但是完成这些模型需要更多技术人员。

（6）这种方法可以更好地满足用户的需要和提高信息系统的质量。

但是，使用模型驱动开发方法也存在着许多缺点，例如：

（1）系统开发的周期比较长，这是因为需要花费更多的时间去采集数据和校验建立的模型。

（2）模型不是软件，模型中存在着一些模糊的现象。

（3）这种方法相对来说不够灵活，因为在形成模型之前用户必须提出自己的需求。

7.2.3　用 RSA 进行模型驱动开发

RSA 是集成的设计和开发工具，支持模型驱动开发。模式、概要文件、变换一起使得我们可以定制 RSA，以便支持 MDD 开发过程的自动化。

RSA 还包含 J2EE、Web、Web Service 开发工具。因此，如果目标平台包含 J2EE 和 Web Service，RSA 就是适合架构师、设计师和开发者的工具。

概要文件包含一组构造型，构造型是对现有 UML 元素的扩充。RSA 发布了一组概要文件，也支持创建新的概要文件。例如，RUP 分析概要文件就是 RSA 提供一个概要文件，它包含使用 RUP 方法创建分析模型所需要的构造型。

模式本质上是一种可重用的设计模型。模式一旦被设计出来并且被证明有用后，就可以反复使用于同一类场景中。这是一种非常有效的设计重用。RSA 提供了一些设计模式，包括 Gang-of-Four 模式。它还提供了模式的框架，开发者可以使用这个框架创建自己的模式。模式通常与概要文件一起使用。

变换支持分层的模型驱动开发，它使得在不同抽象层次的模型之间可以转换（例如，从分析模型转换为设计模型），直至产生代码。RSA8.5.1 提供了一些示例变换，包括 UML 至 EJB3.0、UML 至 Java、UML 至 Hibernate、Java 至 UML 等。RSA 还提供了变换框架，使得开发者可以创建自己的变换或增强提供的变换。

1. RSA 中的 MDD 的活动

模型驱动开发（MDD）有两类不同的活动——框架开发和应用开发。

（1）框架开发：获取专家经验知识，创建模型驱动开发框架，将符合特定架构风格的软件开发自动化。包括下面的一些任务。

① 以架构原则和模式的形式获取专家经验。

② 实现示例组件和定义技术架构。

③ 设计和实现 UML 概要文件。

④ 设计和实现 RSA 模式。

⑤ 设计和实现模型变换。

（2）应用开发：将选定的模型驱动开发框架应用到软件开发中，构建软件组件、应用和方案。包括下面的一些任务。

① 用框架提供的 UML 概要文件和模式来建模应用。

② 应用转换生成实现工件和其他工作产品。

这两类活动一般由不同角色的人员完成，他们具有不同的技能。RSA 支持这两类活动的实现，使用 RSA 创建 UML 概要文件、模式和变换，通过自定义 RSA 使得 RSA 提供模型驱动开发框架。

以上两类活动之间的依赖关系如下。

（1）在建模应用之前，UML 概要文件和模式必须已经存在。

（2）为了生成实现工件，必须定义转换。

2. MDD 框架开发

下面介绍如何开发 MDD 框架来定制 RSA。

1）定义架构风格

开发新的模型驱动开发框架之前必须首先开发能被自动化处理的架构风格。主要有以下一些任务。

（1）开发高层次架构原则和模式。

（2）设计 UML 概要文件。

（3）开发技术架构和示例组件。

2）开发和实现模式

MDD 框架所需的模式被认为是架构风格开发的一部分。RSA 模式被实现为 Java 的 RSA 插件。模式的开发任务一般由资深的开发人员或系统架构师完成，本书不做详细介绍,感兴趣的读者请参考 IBM 的开发文档。

3) 创建 UML 概要文件

在示例场景中,企业 Web 应用一般需要例如 Action、State,以及 Action 之间或者 Action 与 State 等承接关系,这些承接关系可以有 Forward 和 Redirect 等。下面将描述如何创建示例中的构造型集。

(1) 创建概要文件项目

创建概要文件项目的步骤如下。

① 打开 RSA,单击"文件"→"新建"→"项目",弹出"新建项目"向导对话框。

② 在对话框中选择"建模"→"UML 可扩展性"→"UML 概要文件项目",单击"下一步"按钮。

③ 输入项目名,这里输入"MyProfile",然后单击"完成"按钮。

(2) 添加构造型

一个概要文件包含一组构造型,可以应用于模型元素。比如,创建 forward 构造型用来表示从一个动作到一个状态之间的转化,构造型标识那些可以被重用而不需要由转换生成的元素。

添加构造型的步骤如下。

① 右击概要文件模型,选择"添加 UML"→"构造型"。

② 为新添加的构造型命名为"WebAction"。

③ 指定该构造型能应用于哪些 UML 元素,在"项目资源管理器"中单击构造型 WebAction,在它的"属性"视图的"扩展"页中单击"添加扩展"按钮,在"创建元类扩展"窗口的列表框中选择 Action 元类。

(3) 验证和测试概要文件

可以对概要文件进行阶段性测试。验证和测试概要文件的步骤如下。

① 保存概要文件项目。

② 右击概要文件项目,选择"验证",验证错误和警告信息会在"控制台"视图中显示。

③ 创建新的 UML 建模项目和新的空白模型,选择该模型。

④ 打开 UML 项目"属性"对话框,选择"概要文件"→"添加概要文件"。如果还没有部署新创建的概要文件,可以选择"文件",指定已经创建好的.epx 文件。

⑤ 新建一个能够应用 WebAction 的 UML 元素(Action)。

⑥ 选择这个元素,在属性视图中可以看到添加的构造型。

(4) 为构造型添加继承关系

为构造型添加继承关系的操作步骤如下。

① 创建一个 ServiceAction 构造型,为 Action 元类添加扩展。

② 在"属性"→"常规"中,选定"抽象",这意味着在模型中不能直接使用这个构造型。

③ 右击 ServiceAction 构造型,选择"浏览"→"显示方式"→"继承浏览器",打开"继承浏览器",将 ServiceAction 构造型拖到"继承"浏览器中。

④ 右击该构造型,选择"创建新子类型",添加 ForwardAction 和 RedirectAction 子类型。

⑤ 保存概要文件,用示例模型测试该概要文件。

⑥ 创建一个活动图,将新建两个子类型应用到 Action 中。

(5) 为构造型添加属性

可以为构造型添加属性,这样开发者在应用该构造型时需要提供属性的值。

为构造型添加属性的步骤如下。

① 在"项目资源管理器"中,右击构造型 WebAction,选择"添加 UML"→"属性"。

② 命名该属性为"targetURL"。

③ 在"属性"视图中,选择"常规",将属性类型设置为 String。

(6) 设置枚举类型

设置枚举类型的步骤如下。

① 右击模型,选择"添加 UML"→"枚举",添加名为 actionType 的枚举类型。

② 右击枚举 actionType,选择"添加 UML"→"枚举字面值",为枚举 actionType 添加两个字面值: forward 和 redirect。

(7) 将枚举类型应用于属性

① 为构造型 WebAction 添加一个属性 actionType。

② 在 actionType"属性"视图的"常规"页中,单击"选择类型"按钮。

③ 在弹出的窗口中输入"actionType",按回车键选择 actionType。

④ 保存概要文件,测试和验证所有的改动。

(8) 添加图标

构造型也可以为 RSA 引入图标,图标在构造型的属性视图的常规页中添加,如图 7.21 所示。

图 7.21　添加图标

4) 部署 UML 概要文件

一旦概要文件最终确定后,以 RSA 插件形式提供概要文件非常方便,使用概要文件的任何人都可以安装它,于是模型也可以在不同的开发者之间自如地交换。

部署一个概要文件的步骤如下。

(1) 定义一个映射到概要文件的路径

如果模型文件和概要文件在同一个项目中,模型文件可以使用相对路径引用概要文件。

在团队开发的情景中,通过定义一个到工作区中概要文件的路径映射允许其他成员使用概要文件的方法更方便。路径映射将一个符号名和文件路径关联起来。无论什么时候,模型引用该路径下的任何文件,可以直接使用符号名称而没有必要使用完全文件路径。

在创建新的概要文件时就建立路径映射是一个好的做法。在建立路径映射时,如果已经有了引用概要文件的模型,必须确保概要文件和模型在不同的项目中,否则模型不会使用路径映射。

将概要文件放在和模型分开的项目中的步骤如下。

① 选择"文件"→"新建"→"项目"→"UML 概要文件项目",命名为"TestProfile"。

② 将前面创建的概要文件直接拖到新的项目中,并且删除默认的概要文件.epx。

③ 创建指向新的 TestProfile 项目的路径映射,在工作区首选项中定义路径映射。

a. 从主菜单中选择"窗口"→"首选项"。

b. 在"首选项"窗口的左侧列表框中,展开"建模",选择"路径图",单击"新建"按钮,弹出"定义新的路径变量"对话框,如图 7.22 所示。

图 7.22　创建路径映射

（2）发布概要文件

发布概要文件的步骤如下。

① 打开概要文件,在"项目资源管理器"中选择概要文件包。右击包,选择发布,输入一个发布版本标签。

② 修改概要文件或者重新发布概要文件的新版本后,需要重新打开所有应用该概要文件的模型,以便它们能被迁移到新的版本。

（3）添加概要文件到插件

可以将概要文件添加到已经存在的插件项目中,或者创建新的插件项目。

创建一个插件项目的步骤如下。

① 单击"文件"→"新建"→"项目"→"插件开发"→"插件项目",命名为"MyPlugin"。单击"下一步"按钮,弹出"新建插件项目"向导的"内容"窗口,如图 7.23 所示。

② 单击"下一步"按钮,弹出"新建插件项目"向导的"模板"窗口,如图 7.24 所示。

③ 选择适当的模板,或者不使用模板,单击"完成"按钮。这样就创建了一个插件项目MyPlugin。

图 7.23 "新建插件项目"向导的"内容"窗口

图 7.24 "新建插件项目"向导的"模板"窗口

将概要文件添加到插件中的步骤如下。

① 在插件项目的 plugin.xml 文件中，增加如下的代码。

```
< extension point = "com.ibm.xtools.emf.msl.Pathmaps">
        < pathmap name = "MyProfilePath"
            plugin = "Myprofile Plugin"
            path = "profiles">
        </pathmap >
    </extension >
    < extension
        point = "com.ibm.xtools.uml.msl.UMLProfiles">
        < UMLProfile
            id = "概要文件"
            name = "概要文件"
            path = "pathmap://MyProfilePath/概要文件.epx"
            required = "false"
            visible = "true">
        </UMLProfile >
    </extension >
```

② 打开"插件开发"透视图，在"包资源管理器"中，将 MyProfile 包下的"概要文件.epx"拖动到包 MyPlugin 下的文件夹 profiles 下。

③ 单击 MyPlug.xml 编辑器的构建页，在"二进制构建"框中，选择要在插件中部署的文件和文件夹，包含 profiles 文件夹，如图 7.25 所示。

图 7.25　MyPlug.xml 编辑器的构建页

④ 保存 pulgin.xml 文件。

（4）部署插件

① 单击"文件"→"导出"，弹出"导出"向导的"选择"窗口，如图 7.26 所示。

图 7.26　"导出"向导的"选择"窗口

② 选择"插件开发"下的"可部署的插件和段"，单击"下一步"按钮。弹出"导出"向导的"可部署的插件和段"窗口，如图 7.27 所示。

图 7.27　"导出"向导的"可部署的插件和段"窗口

③ 在"导出"向导的"可部署的插件和段"窗口,选择要部署的插件 MyPlugin。我们可以将插件部署到目录、归档文件或存储库。

④ 将导出的插件安装到 RSA 中,重启 RSA。在部署的概要文件中可以看到我们部署的概要文件"概要文件"。

5) 创建示例组件

在转换开发开始之前,必须创建符合技术架构的示例组件,创建这些示例组件有以下两个主要目的。

(1) 验证技术架构。

(2) 为转换开发提供作为输入的示例工件。

6) 开发和实现转换

开发和实现转换的步骤如下。

(1) 选择"文件"→"新建"→"项目"→"插件开发"→"插件项目",如图 7.28 所示。

图 7.28　选择插件项目向导

(2) 单击"下一步"按钮后打开"新建插件项目"窗口,输入项目名称"com.ibm.rsa.mdd.ead",选择"创建 Java 项目"复选框,如图 7.29 所示。

(3) 单击"下一步"按钮,打开"新建插件项目"向导的"内容"窗口,可以输入生成插件所需的数据,如图 7.30 所示。

图 7.29　新建插件项目向导

图 7.30　新建插件属性内容

（4）单击"下一步"按钮，打开"新建插件项目"向导的"模板"窗口，选择"具有变换的插件"模板，如图7.31所示。

图7.31　选择插件模板

（5）单击"下一步"按钮，打开"新建变换创作项目"向导的"新建变换提供程序"窗口，如图7.32所示。

图7.32　新建变换提供程序

（6）单击"下一步"按钮，打开"新建变换创作项目"向导的"新建变换"窗口，选择"使用缺省 UML2 变换框架"复选框，如图7.33所示。

图 7.33　新建变换属性

　　(7) 单击"下一步"按钮,打开"新建变换创作项目"向导的"新建规则定义"窗口,如图 7.34 所示。由于使用了默认 UML2 转换框架,"新建规则定义"窗口允许定义特定规则类关联特定 UML 元素类型。这些信息用于生成转换的框架代码。

图 7.34　转换规则

　　(8) 单击"完成"按钮,生成插件项目,如图 7.35 所示,显示了新项目生成的所有文件、插件类、转换提供程序类和根转换。

　　(9) 利用生成的转换框架代码,编写转换程序。具体如何编写转换程序,请参考 IBM MDD 工具开发文档。例如,参考文献[7]。关于 API,请参考 RSA 在线帮助中的 Rational

图 7.35   转换插件项目内容

Transformation Developer Guide。

3. MDD 应用开发

利用模型驱动开发框架进行 MDD 应用开发的方法如下。

1）安装 MDD 框架

安装 MDD 框架步骤如下。

（1）获取 MDD 框架部署的应用包，一般是 Eclipse 插件。

（2）将该应用包安装到 Eclipse 的插件目录。

（3）重新启动 RSA 集成环境。

2）创建模型

MDD 应用开发要求从设计企业应用的模型开始。

3）应用 UML 概要文件

创建一个新的 UML 项目，命名为"UserLoginAPP"，使用"文件"→"新建"→"项目"→"建模"→"UML 项目"，使用向导提供的默认选项即可。

将建好的 UML 概要文件应用到模型中的步骤如下。

（1）在"项目资源管理器"中选中要操作的模型，属性视图会显示该模型的属性。

（2）在属性视图中选择概要文件。

（3）单击"添加概要文件"按钮。

（4）在"选择概要文件"对话框中，在"部署的概要文件"下拉框中选择"概要文件"，如图 7.36 所示。

图 7.36　应用概要文件

当所有操作步骤完成后,概要文件就会显示在该模型的应用的概要文件列表中。

作为共享部署的概要文件的另一种方法,可以引用后缀名为.epx 的文件。

要将前面创建的 MyProfile 概要文件应用到模型中,可参照以下步骤。

(1) 在选择概要文件的对话框中,选择文件而不是部署的概要文件。

(2) 转到概要文件的项目中,选择这个概要文件,确定应用概要文件。

4) 应用模式

可以使用所应用的概要文件中定义的构造型和模式库中的模式来建模应用。

5) 应用变换

要应用创建的 Web 变换,右击该模型,选择"变换"→"EA 变换"→"运行",该变换会产生实现 Web 应用中基本活动及状态的实现。

6) 测试生成的代码

使用 RSA 提供的 J2EE 视图来部署和测试生成的 Web 应用。

7.3　RSA 中用逆向工程获得 UML 模型

逆向工程是对一个已存在系统的分析处理,以鉴别它的组成部分及它们的内在联系,从而以高层抽象性来构建一个系统的框架。在大多数情况下,逆向工程用于以抽象的模型 UML 格式从已存在的源代码中,提取已丢失的设计文件,从而同时可得知一个系统的静态结构及动态行为。

7.3.1　用逆向工程从 Java 代码获得 UML 模型

与其他类型的变换方法类似,只是在选择变换类型的时候选择"Java 至 UML",如图 7.37 所示。

7.3.2　用逆向工程从 C++ 代码获得 UML 模型

与其他类型的变换方法类似,只是在选择变换类型的时候选择"C++ 至 UML",如图 7.38 所示。

图 7.37　新建 Java 到 UML 变换配置

图 7.38　新建 C++到 UML 变换配置

思考题

1. 什么是模型驱动开发(MDD)？模型驱动开发的特点有哪些？
2. 什么是模型驱动架构(MDA)？模型驱动架构定义了哪几类抽象层次的模型？
3. 模型驱动开发的过程是怎样的？

实训任务

1. 用正向工程将 UML 模型转换成代码(Java、C++ 和 XML)。
2. 用逆向工程从代码(Java 或 C++)获得 UML 模型。
3. 阅读网络资源"如何使用 IBM Rational Software Architect 实现模型驱动的软件开发"(http://www.ibm.com/developerworks/cn/rational/r-rsa-mdd/)。

第 8 章

RSA 数据库建模

知识目标
- 掌握什么是数据库建模；
- 掌握数据库建模的用途。

技能目标
- 会用 RSA 建立物理数据模型；
- 会用 RSA 从物理数据模型生成 DDL；
- 会用 RSA 从数据库获得物理数据模型。

前面的章节中介绍了 RSA 对 UML 建模的支持，本章主要介绍 RSA 对数据库建模的支持。

（1）RSA 对数据建模及数据库开发提供了一定的支持，侧重于较为具体的数据库设计开发。

（2）RSA 在数据建模方面主要支持物理数据模型设计，为用户提供了以数据图为基础的可视化建模环境。

（3）用户可以在 RSA 的数据图中绘制数据模型中表、视图，以及如列、索引、触发器等具体对象的设计，此外还能方便地建立表、视图对象之间的相互联系，在一个接近于特定数据库的层次上进行建模。

另外，RSA 支持多种数据库，包括：MySQL、Oracle、SQL Server、Sybase、Cloudscape、DB2、Derby、Informix，以及通用的 JDBC。

8.1 数据库建模概述

很多应用程序的开发都离不开数据库的应用，数据库管理系统有多种，例如 Oracle、MS SQL Server、MySQL 等。有时需要从一种数据库管理系统转换到另一种数据管理系统，或者需要应用程序支持多种数据库管理系统。数据库模型将会提高数据库应用程序的开发效率。

8.1.1 什么是数据库建模

在设计数据库时，对现实世界的数据进行分析、抽象，并从中找出内在联系，进而确定数据库的结构，这一过程被称为数据库建模。

　　数据库建模过程是一个面向数据系统结构的建模过程。与其他的建模方法类似,数据模型可以服务于许多不同的目的,如从高层的概念建模到较为具体的物理数据建模等多种不同场合。数据建模中设计者需要识别出"实体类型",就像在类建模的过程中人们需要识别出"类"对象。这些"实体类型"会被赋予各种数据属性,与面向对象建模中将属性和方法赋予"类"相似。此外,"实体类型"之间具有与"类"之间相似的联系,例如,关系、继承、组成、聚合等都可以应用于数据建模。但值得注意的是,传统数据建模将注意力集中于数据本身,在数据模型中设计者只能探索数据问题,而不像面向对象建模中可以同时探讨问题域中行为与数据的两方面。

　　数据模型的主要类型有以下三种。

　　(1) 概念数据模型(Conceptual Data Model,CDM):这类数据模型,也被称为领域模型,通常被用于与项目的利益相关者一起探讨领域概念。领域概念模型的创建常常在建立逻辑数据模型之前。有时候它可以用来取代逻辑数据模型。

　　(2) 逻辑数据模型(Logical Data Model,LDM):逻辑数据模型用于研究问题领域中的业务概念及它们的相互关系。可以为一个单一项目的范畴进行逻辑数据建模,也可以为整个企业进行建模。LDM 从逻辑上描述实体类型,一般简单地包含"实体类型"、描述"实体类型"的数据属性及"实体类型"间的关系。

　　(3) 物理数据模型(Physical Data Model,PDM):物理数据模型用于设计一个数据库的内部结构,是一个关于特定数据库系统的模型,描述关系数据对象及它们之间的关系,如表定义、视图定义、主键、外键等。

　　PDM 与 LDM 的主要区别在于数据描述的详细程度,PDM 主要是面向数据库开发的设计模型,需要为代码开发和项目部署提供具体的指南,而 LDM 通常是较为概括和抽象的,一般用于与利益相关者一同进行问题领域分析或业务逻辑分析等较高层次上的建模。

　　数据库建模工具首选 PowerDesigner,PowerDesigner 是第一个数据库建模的工具。MySQL Workbench 也支持对 MySQL 数据库建模。Navicat for MySQL 11.1.13 也提供了对数据库建模的支持,一些 UML 建模工具也提供了对数据库建模的支持。

　　RSA 提供了对物理数据模型(PDM)建模的支持,用户通过 RSA 工作台可以建立、修改物理数据模型及根据模型自动生成 DDL 脚本。在 RSA 中,数据模型能够通过数据图可视化地展现出来,并且可以直接在图中对底层数据模型进行编辑。

　　企业应用开发主要是数据库应用软件的开发,良好的数据库设计在企业应用开发过程中至关重要。使用建模工具进行数据库建模有如下好处。

　　(1) 用可视化的方法进行数据库设计,方便快捷;

　　(2) 保持数据库设计文档与物理数据库的一致;

　　(3) 使应用程序更换数据库更容易。

8.1.2　物理数据建模的一般步骤

　　物理数据模型建模是面向开发这一层次的设计,通过不断迭代完成数据库的设计。通常使用如下的步骤。

　　(1) 识别实体类型:通常说的实体也是指实体类型,它在概念上与 OO 中的类概念很相似,实体类型代表了一个相似对象的集合,如一个订单系统中的"Customer"、"Address"、

"Order"、"Tax"等实体。在进行实体类型建模时,只需要考虑对象包含的数据,而在面对对象设计时还需要考虑对象的行为。

(2) 识别属性:每个实体类型都会包含一个或多个数据属性,例如,"Customer"实体可能包含"FirstName"和"LastName"之类的属性。属性同样是与问题紧密联系的,通常是依赖于设计者的判断,比如可以决定将用户的姓与名分开作为两个属性,将地址分解为国家、城市、城区、街道地址等多个属性。正确地决定属性设定的粒度,能够给系统的开发和维护带来便利。

(3) 应用命名规范:一个组织或者一个团队应该具有一套可以应用于数据建模的标准或指导,通常这样的规范中都包含针对逻辑和物理数据模型的命名规范。逻辑模型命名规范着重于人的可读性,而物理模型的命名规范会反映一些技术上的考虑。如逻辑模型中的"FirstName"在物理模型中可能就被称为"VC_FIRSTNAME",以显示其类型为VARCHAR。

(4) 识别关系:在现实世界中,实体具有与其他实体的某种关系,如用户下达订单,用户位于某地址、订单包含多件物品。与此同时,设计者需要识别关系两端实体的基数与可选性,如订单与物品间的对应关系,一个订单可以与多个但至少一个物品相关联。数据模型中的关系与UML建模中的关系有一定区别,数据建模通常不会像UML建模那样对关系进行详细的区分。

(5) 应用数据建模模式:一些设计者会运用常见的数据模型模式。

(6) 分配主键:主键的分配主要有两种,一种是利用一个或是一组相对于业务概念唯一的自然属性作为实体类型的键,即自然键,如身份证号码对于人、车牌相对于车辆;另一种是代理键,当一个概念很难用较少量的属性唯一确定时,常常选择引入一个代理键,如为地址引入一个AddressID属性作为主键。对于这两种方式的争论很多,但事实上它们各有利弊,在不同的环境中应该酌情选用。

(7) 通过范化(Normalization)降低数据冗余:数据的范化是将数据模型的数据属性进行组织,从而提高实体类型内聚性的过程。范化的目标就是降低或者去除数据的冗余性。因为在数据库应用程序中维护多处数据对于开发人员来说是异常困难的。人们使用范式来描述数据的规范化的程度,常用的第三范式规定,一个实体类型如果符合第二范式同时它所有的属性都直接依赖于主键即满足第三范式。高度范化的数据能够很大程度上保证系统数据的一致性,同时这样的数据模型与面向对象模型更接近,更容易实现数据与对象的映射,因为它们都有较高的内聚力与较低的对象间耦合,但是高范化往往会使性能下降。

(8) 通过解范化(Denormalization)提高数据库性能:范化数据在运用到生产环境时,常常被性能问题困扰。这是由于在范化过程中主要关注数据冗余度的降低,而不是数据访问性能。数据建模很重要的一部分内容是通过对数据模式(Data Schema)的一部分进行解范化,增加系统冗余度,在查询过程中避免过多表的连接,从而加快访问速度。但这一过程依赖于项目对性能的要求,设计人员必须通过对要求与环境的分析,在性能和系统冗余度两个方面进行权衡做出判断。

8.1.3　在RSA中创建数据库设计项目

让我们从在RSA中创建数据库设计项目开始,学习如何使用RSA进行数据库建模。

1．创建数据设计项目

（1）从"文件"菜单中选择"新建"→"数据设计项目"，打开"数据设计项目"向导窗口，如图 8.1 所示。

图 8.1　选择数据库设计项目向导

（2）单击"下一步"按钮，在"创建数据设计项目"窗口中，输入项目名称，例如"MyDB"，如图 8.2 所示。

图 8.2　输入数据设计项目名称

（3）单击"完成"按钮，弹出"要打开相关联的透视图吗"对话框，如图8.3所示。

图8.3　"要打开相关联的透视图吗"对话框

（4）单击"是"按钮，就创建了一个数据库设计项目。

完成了数据设计项目的创建后，就可以通过以下步骤创建空白的物理数据模型了。

2．创建空白的物理数据模型

（1）在"数据项目资源管理器"视图中右击目标的数据设计项目，在弹出菜单中选择"新建"→"物理数据模型"，打开"新建物理数据模型"窗口，如图8.4所示。

图8.4　"新建物理数据模型"窗口

（2）或从"文件"菜单中选择"新建"→"物理数据模型"，打开"新建物理数据模型"窗口。

（3）在"新建物理数据模型"窗口中，确保在"目标文件夹"一栏中填入的是希望在其中新建数据模型的数据设计项目，选择"从模板创建"；并根据实际情况选择或填入"文件名"、"数据库"及版本等，如图8.4所示。我们选择了MySQL数据库，版本5.1。

（4）单击"完成"按钮后，RSA在项目MyDB中"数据模型"下添加了数据库模型.dbm，如图8.5所示。

图 8.5 添加了物理数据模型的数据透视图

8.2 RSA 数据透视图

初次使用 Eclipse 工具的人常被 Eclipse 的各种透视图所困扰。RSA 是基于 Eclipse 的,让我们首先熟悉一下 RSA 的数据透视图。RSA 的数据透视图需要通过"窗口"菜单中的"打开透视图"子菜单的"其他"命令来打开,因为数据透视图并不默认出现在"打开透视图"子菜单的快捷键选项中。打开数据透视图后,即可看到如图 8.5 所示的工作台界面。

在该透视图中,左上方的"数据项目资源管理器"视图中列出的是当前工作区中所有的数据项目(包括数据设计项目与数据开发项目),及其项目下所有的元素,用户可以在这里任意导航。

左下方的"数据库资源管理器"视图中的"数据库连接"目录下包含 RSA 所管理的数据库连接,该目录默认可能会列出一些数据库连接。用户可以根据需要,在视图中添加其他的数据库连接。

打开了一个数据模型的情况下,RSA 会打开模型编辑器及数据图编辑器。在数据图编辑器的右侧是"选用板"视图,"选用板"中包含绘制数据图时会用到的组件。

在透视图的下方,有一个"属性"视图,与前面 UML 部分提到的"属性"视图有相同的作用。此外,下方区域还有"模型报告"与"SQL 结果"两个视图,用于显示模型分析结果与数据库操作的响应输出。如果没有看到"模型报告"视图,可以单击菜单"窗口"→"显示视图"→"模型报告"使"模型报告"视图出现在透视图的下方。

8.2.1　常用视图与编辑器介绍

数据透视图中的核心视图之一就是前面提到的"数据项目资源管理器",如图8.6所示。该视图用于显示数据设计和数据开发项目。

图8.6　数据项目资源管理器

在"数据项目资源管理器"中,通过这两种不同的项目类型,用户可以在逻辑上操作数据对象。

数据设计项目主要用于数据库的设计与信息整合。通过这种类型的项目,用户可以设计出物理数据模型、XSD模型与脚本,其中的物理数据模型可以用来生成用于部署的数据库DDL语句。

数据开发项目主要用于数据库应用程序开发。这种类型的项目与"数据库资源管理器"中的一个数据库连接相关联。通过这种项目用户可以进行以下一些工作。

(1) 使用SQL或Java编写的存储过程及用户定义函数UDF的开发、测试与部署工作。

(2) 如果目标服务器支持XML,用户可以在项目中开发XML文档及相关组件。

(3) SQL查询的开发与测试。

此外,通过"数据项目资源管理器",用户还能够进行以下一些工作。

(1) 分析数据对象的相互影响与依赖关系。

(2) 分析数据模型以保证数据模型完整性。

(3) 比较数据对象。

(4) 通过版本控制工具共享开发项目。

"数据图编辑器"是开发数据模型使用的主要工具,包括图区域与"选用板",如图8.7所示。

图8.7　数据图编辑器

"数据图编辑器"左侧的主要部分显示数据图,同时也是绘制数据图的工作区域,右侧的"选用板"提供了可以用于数据图绘制的各种组件,包括基本工具,如注释、知识产权说明、子数据图等,还包括数据对象及辅助图形等。在数据图编辑器中为数据图添加组件或图形,只需从"选用板"中选择相应的组件,接着在数据图区域中绘出即可。

在"数据项目资源管理器"中,右击"SQL 语句",单击"新建 SQL 语句",将弹出"新建 SQL 语句"对话框,如图 8.8 所示。

图 8.8 "新建 SQL 语句"对话框

在"新建 SQL 语句"对话框中,输入 SQL 语句的名称,选择编辑工具为"SQL 查询构建器",将打开"SQL 查询构建器",如图 8.9 所示。

图 8.9 SQL 查询构建器

"SQL 查询构建器"是一个方便的 SQL 构建工具,用户通过可视化的界面可以方便地构建与执行 SQL 语句。

构建器自上而下分为三部分,分别是:SQL 代码框、表选择框和设计框。SQL 代码框呈现 SQL 语句的源代码,具有编辑和辅助提示功能;表选择框提供了一个显示、添加引用表及建立相互关系的图形化平台;设计框用于设置 SQL 语句的细节,随着 SQL 语句类型变化,选项也不尽相同,如针对 SELECT 语句会出现列、条件、组、组条件 4 个选项卡。

"SQL 结果"视图用于显示 SQL 语句在数据库执行所得到的结果,如执行消息及返回的数据集等。该视图在设计 SQL 的过程中是一个直观的反馈窗口,如图 8.10 所示。"SQL 结果"视图的左侧是一个 4 列的只读表格,用于显示 SQL 执行记录。右侧的部分由两个选项卡组成。

图 8.10　SQL 结果视图

8.2.2　常用技巧

1. 快速添加数据图对象

向数据图中添加常用的数据对象除了从选用板或者菜单中选择外,用户可以方便地通过出现在鼠标指针或选中对象旁的悬浮菜单来选取。如将光标移动到"数据图编辑器"的空白区域,将看到如图 8.11 所示的表/视图添加菜单。当选中一个数据表时,悬浮菜单会自动提供可以选择的选项,包括键、列、索引、触发器,如图 8.12 所示。

图 8.11　向数据图添加表/视图　　　图 8.12　向表对象添加子数据对象

2. 显示网格和标尺

用户可以根据个人喜好,来决定是否要显示 UML 图中的网格和标尺。

显示数据图中网格和标尺的步骤如下。

(1) 右键单击数据图,选择"查看"菜单项。

(2) 选中"标尺"或者"网格"即可。

3. 对图中的数据图对象进行排列、对齐以及设置大小

在绘制数据图的时候,可能需要同时把多个数据对象进行排列、对齐或者设置一样的大小。

对图中的数据对象对齐以及设置大小的步骤如下。

(1) 选中需要对齐的多个数据对象。

(2) 在工具栏中单击"排列"或"对齐"按钮(如图 8.13 和图 8.14 所示),在下拉菜单中选中相应的排列或对齐方式。用户除了在工具栏中可以做这个操作之外,还可以选择"图"菜单,然后选择"排列"或"对齐",最后选择相应的方式。

(3) 如果用户想对选中的数据对象同时设置大小,与设置对齐方式类似,可以选择"图"菜单,然后选择"使用同样大小",最后选择相应的方式(如宽度/高度一致等)。

图 8.13 设置一组数据对象的排列方式　　　图 8.14 设置一组数据对象的对齐方式

4. 显示/隐藏数据图中的部分内容

数据图中可以包含非常具体的数据模型设计信息,如表中的列数据类型、索引、一些修饰符等。但是并不是所有的内容对当前用户都是有价值的,如当前用户只关心图中表与表之间的相互联系而并不是关心表中的索引、触发器对象等的情况,这时显示过多的信息就会给用户带来干扰。RSA 支持有选择地显示数据图中的一部分内容。

显示/隐藏数据图中的部分内容的步骤如下。

(1) 选择目标的数据图,或单击数据图中的空白部分。

(2) 在"属性"视图中,选择"过滤器"页,用户可以通过其中的 4 类选项来设置数据图中需要显示的数据对象、辅助标示等内容。如图 8.15 所示,我们选择了在数据图中显示主键及其他列的名称,显示包含模式名的限定表名及外键修饰。

图 8.15 设置数据图的显示内容

5. 向数据模型中添加其他数据对象

除了在数据图中显示的表、视图这两种数据对象外,数据模型中还可以包括很多其他类型的数据对象,如存储过程、函数、自定义类型等,这些数据对象可以帮助用户设计一个包含数据结构、数据行为等多方面的数据模型。

向数据模型中添加其他数据对象的步骤如下。

(1) 在"数据项目资源管理器"视图中右键单击数据模型中的某个模式。

(2) 用户从右键菜单中的"添加数据对象"子菜单中选择需要添加的对象类型,如图 8.16 所示,然后通过属性视图对新添加的数据对象进行配置。

图 8.16　向数据模型中添加其他数据对象

8.3　RSA 数据库建模

我们已经掌握了在 RSA 中创建数据库设计项目和在数据库设计项目中创建空白物理数据模型,并且了解了使用 RSA 数据透视图的一些常用技巧。接下来学习如何进行物理数据模型建模。

8.3.1　表设计

表的设计基于对模型中实体类型和其属性进行识别,是构建数据模型的基础。在 RSA 中的数据图中可以方便地添加数据表,为数据表添加列、主键、索引、触发器等一系列对象,从而实现一个完整的数据表设计,达到能够自动生成 DDL 的详尽程度。

本节集中介绍在 RSA 中对表进行设计的操作过程。

1.创建新表

用户可以选择以下三种方法的任意一种来添加表。

(1)通过"选用板"中的"表"对象添加。

(2)将光标放在数据图中,在出现的动态悬浮菜单中选择"添加表"。

(3)右键单击"数据项目资源管理器"中数据设计项目的模式对象,从弹出菜单中选择"添加数据对象"→"表",但这样添加的表不会默认出现在数据图中,需要拖曳到数据图中。如图 8.17 所示,在数据图中添加了空白的 Customer 表。

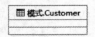

图 8.17　表的表示

在创建完成新表后,需要对数据表进行配置,主要的工作有:修改表名;添加列、主键、索引等子对象;添加注释、调整外观等。

2. 添加列

向数据表添加列定义时,可以采用三种不同的方式。

(1) 通过动态悬浮菜单快速添加列。

(2) 在表的属性视图的列选项卡中添加列。

(3) 在数据项目资源管理器中通过右键菜单添加列。

在进行比较详细的列设计时,推荐使用表的属性视图,该视图清晰地将列及其主要属性列出,设计者可以对列的设计一目了然,并且能够方便地添加、删除、编辑列定义。当给图 8.15 中的 Customer 表添加了"Cust_NO"、"LastName"、"Address"几列以后,表属性视图的列选项卡把这 4 列的定义清晰地呈现出来,如图 8.18 所示。

名称	主键	数据类型	长度	小数位	不能为...	生成的	缺省值/生成
Cust_NO	☑	INT			☑	☐	
FirstName	☐	CHAR	30		☑	☐	
LastName	☐	CHAR	30		☑	☐	
Address	☐	VARCHAR	255		☐	☐	

图 8.18 表属性视图的"列"选项卡

3. 建立索引

用户可以通过"数据项目资源管理器"中的右键菜单或者使用悬浮菜单快速添加索引。需要注意的是,如果希望索引出现在数据图中,需要在数据图的"属性"视图"过滤器"选项卡中选中"显示索引",默认为不显示。

为上述的 Customer 表在 LastName 列上建立一个顺序索引。首先为该表添加一个索引 Cust_LN_IDX,如图 8.19 所示。

在添加了索引后应该在"属性"窗口中对它进行配置,索引的键列与包含列等详细设置都位于索引的"属性"视图"详细信息"选项卡中。在"键列"中添加 LastName 列,如图 8.20 所示。

图 8.19 添加索引

4. 创建触发器

创建触发器的步骤与创建索引很相似,先通过悬浮菜单或者"数据项目资源管理器"中的右键菜单为表对象添加触发器对象,然后在"属性"视图中对触发器进行详细的设置。设置过程分为两步,首先需要通过"属性"视图"常规"选项卡设置该触发器的基本属性,如模式、操作时间、事件类型等,其次在"详细信息"选项卡中的"操作体"文本框中输入程序逻辑代码。

图 8.20　设置索引

　　例如,在 Customer 表上创建一个触发器。这个触发器在数据插入 Customer 表之前检查是否已经存在 FirstName 与 LastName 完全相同的记录,如果存在就返回异常,中止插入动作,其属性设置如图 8.21 和图 8.22 所示。

图 8.21　触发器"常规"选项卡

图 8.22　触发器"详细信息"选项卡

5. 添加约束

　　RSA 支持为数据表添加唯一约束与检查约束。添加约束需要通过"数据项目资源管理器"中表对象的右键菜单进行选择,如图 8.23 所示。

　　唯一约束的设置十分简便,重点是在该约束"属性"视图的"成员"选项卡中选定受到约束的列的组合,如图 8.24 所示。

图 8.23　添加约束

图 8.24　设置唯一约束成员

检查约束的设置非常简便，只需要在该约束的"属性"视图的"常规"选项卡中的填入用于验证的 SQL 表达式，如图 8.25 所示。

图 8.25　设置检查约束的表达式

8.3.2　视图设计

RSA 提供的视图设计功能与表的设计很类似。用户可以通过"选用板"、数据图中悬浮菜单或是"数据项目资源管理器"中的模式对象的右键菜单向数据模型中添加视图。但通过"数据项目资源管理器"中的模式对象的右键菜单添加的视图对象不直接出现在数据图中，需要用鼠标拖放到图中。图 8.26 显示的是在示例模型中加入的一个视图 Cust_FullName，用于显示 Customer 表中的用户全名与地址。

图 8.26　数据图中显示视图对象

1. 用 SQL 语句完成视图的设计

为 CUST _ FULLNAME 视图设计一个简单的 SQL 语句："SELECT CONCAT (FirstName,LastName) AS Name,Address FROM Customer"。只需要将 SQL 语句填入该视图"属性"窗口的 SQL 选项卡中,如图 8.27 所示。在完成了 SQL 选项卡中 SQL 语句的设计之后,就能够在"列"选项卡中找到由 SQL 语句产生的相应的列,如图 8.28 所示。

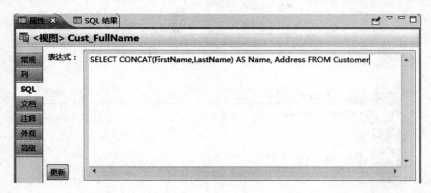

图 8.27　视图对象属性的 SQL 选项卡

图 8.28　视图对象属性的"列"选项卡

2. 为视图创建触发器

与表设计类似,我们能够在 RSA 数据模型中直接设计视图上的触发器,创建方法和过程与数据表上触发器的设计相同,先通过悬浮菜单或者"数据项目资源管理器"中的右键菜单为表对象添加触发器对象,然后在"属性"视图中对触发器进行详细的设置。设置过程分为两步,首先需要通过"属性"视图"常规"选项卡设置该触发器的基本属性,如模式、操作时间、事件类型等,其次在"详细信息"选项卡中的"操作体"文本框中输入程序逻辑代码。图 8.29 是用悬浮菜单添加触发器对象的示例。详见 8.3.1 节中相应内容。

图 8.29　用悬浮菜单为视图添加
触发器对象

8.3.3 关系设计

用户利用 RSA 可以在数据模型中的表与表之间创建外键参照关系,外键关系是数据模型中最主要的关系类型,具体可以分为以下两种类型。

(1)标识关系:子表的数据实例能够通过与父表的关联识别,即父表的主键属性成为子表的主键属性。标识关系在图中使用实线表示,如图 8.30 所示(本节关系的图示均为左侧连接主表右侧连接子表)。

(2)非标识关系:子表的数据实例不能通过与父表的关联识别,即父表的主键属性成为子表的非主键属性。非标识关系在图中使用虚线标识,如图 8.31 所示。

图 8.30 标识关系　　　　　　　　图 8.31 非标识可选关系

根据子表数据与父表数据关联的方式,非标识关系可以细分为以下几种。

(1)非标识必需:父表的基数是 1,即每一个子表实例能够与且仅与一个父表实例相关联,子表上的外键属性不能为 NULL 值,如图 8.32 所示。

(2)非标识可选:父表的基数是 0..1,即每一个子表实例至多可以与一个父表实例相关联,也可以不关联,子表的外键属性可以为 NULL,如图 8.31 所示。

(3)非标识一对一:父表的基数是 1,子表的基数是 0..1,即每一个子表实例能够与有且仅有一个父表实例相关联,子表上的外键属性不能为 NULL 值,一个主表实例最多只能被一个子表实例参照,如图 8.33 所示。

图 8.32 非标识必需关系　　　　　　图 8.33 非标识一对一关系

考虑前面的 Customer 表,创建订单表 Order 与订单项目表 Order_Item 形成一个简单的订单系统,这两个表的定义如图 8.34 所示。

根据设计,Order 表通过非主键列 Cust_NO 列参照 Customer 表的主键 Cust_NO 列,形成非标识必需关系:Order_Item 表通过主键属性 Order_NO 参照 Order 表的主键 Order_NO 列,形成标识关系。

在 RSA 中创建表与表的关系非常容易,用户通过右侧的"选用板"选取适当的关系后,此时光标在图中表对象上将变为黑色箭头,左键单击主表不放,然后拖放到子表,当光标再次变为黑色箭头释放鼠标即可,如图 8.35 所示。

图 8.34 ORDER 表与 ORDER_ITEM 表　　　　　图 8.35 创建关系

　　如果子表中不包含与父表主键相同的列,RSA 会自动将父表的列直接添加到子表,否则就会出现如图 8.36 所示的"键迁移"对话框,根据实际情况选择后单击"确定"按钮即可。

图 8.36　"键迁移"对话框

　　当关系创建完成后,在关系的属性视图中的"详细信息"页可以为关系指定"反转查..短语","反转查..短语"是一个说明短语描述关系的逻辑概念,如图 8.37 所示。

图 8.37　关系的属性视图中的"详细信息"页

　　为 Customer 表和 Order 表之间的关系指定"反转查..短语"为 belongs-to,即订单属于某一个用户,如图 8.38 所示。

图 8.38　Order 表与 Customer 表的关系

　　以相同方法建立 Order_Item 到 Order 表的标识关系,并指定说明短语为 part-of,最终这三个表及其相互关系如图 8.39 所示。

图 8.39　订单系统数据图

8.4　用逆向工程从数据库获得数据库模型

除了按照前边介绍的从空白的数据模型开始进行数据模型设计,RSA 还支持通过反向工程从现有数据库或 DDL 文件中抽取物理数据模型。最常见的是从数据库中抽取表、视图、触发器、例程等数据库对象,并创建相应的数据图。通过这种方式,用户可以很方便地从现有数据库着手,开始新的设计。

在使用逆向工程前,必须先建立数据库连接,为此,需要有数据库连接驱动程序。系统默认定义了很多常见的数据库驱动程序。需要根据使用的数据库检查数据库驱动程序的定义,或新建数据库驱动程序的定义。下面以 MySQL 为例,介绍新建数据库驱动程序的定义的步骤。

(1) 单击菜单项"窗口"→"首选项"。

(2) 在弹出的"首选项"窗口中的左边的列表框中选择"数据管理"→"连接"→"驱动程序定义";在右边的列表"过滤器"下拉框中选择 MySQL;在右下边的列表框中选择 MySQL 5.1,如图 8.40 所示。

图 8.40　在"首选项"窗口中定义数据库连接驱动程序

（3）单击"编辑"按钮，在弹出的"编辑驱动程序定义"对话框中，选择"JAR列表"选项卡，如图8.41所示。

图8.41　"编辑驱动程序定义"对话框

（4）单击"编辑JAR/Zip"按钮或"添加JAR/Zip"按钮，找到驱动程序文件，结果如图8.42所示。

图8.42　定义好了驱动程序的"编辑驱动程序定义"对话框

建立数据库连接的步骤如下。

（1）在"数据源资源管理"中，右击数据库连接，单击"新建"菜单项，如图8.43所示。

（2）在弹出的"新建连接"窗口中输入数据库连接信息，例如，数据库名称（其实是数据库连接名称）、URL、用户名和密码等，单击"测试连接"按钮可以测试数据库连接信息是否输入正确，如图8.44所示。

图8.43　新建数据库连接的右键菜单

图 8.44 "新建连接"窗口

（3）单击"完成"按钮，在"数据源资源管理器"中就新建了一个数据库连接，如图 8.45 所示。

现在已经准备好了，可以从数据库导出数据模型了。步骤如下。

（1）在"数据项目资源管理器"视图中右键单击目标数据设计项目，在弹出菜单中选择"新建"→"物理数据模型"，打开"新建物理数据模型"对话框。

（2）或从"文件"菜单中选择"新建"→"物理数据模型"，打开"新建物理数据模型"对话框。

（3）在"新建数据设计项目"对话框的首页"模型文件"页面中，确保"目标文件夹"一栏填入的是新建数据模型所在的数据设计项目，选择"从反向设计创建"，并根据实际情况选择或填入"文件名"、"数据库"及版本等，如图 8.46 所示。

（4）单击"下一步"按钮，在"选择连接"页面选择数据库连接，选择已经建好的数据库连接 MyDB，如图 8.47 所示。

图 8.45 "数据源资源管理器"中的数据库连接

图 8.46   从反向设计新建物理数据模型

图 8.47   选择反向设计的数据库连接

（5）单击"下一步"按钮，在"选择模式"页面选择需要导出的模式，如图 8.48 所示。

图 8.48　选择模式

（6）单击"下一步"按钮，在"数据库元素"页面选择需要导出的数据对象，如图 8.49 所示。

图 8.49　选择数据库元素

（7）单击"下一步"按钮，在"选项"页面选择是否生成概述图，是否推断隐含主键与关系，如图 8.50 所示。

（8）单击"完成"按钮，当导入结束后在目标项目中会生成新的数据模型与数据图，如图 8.51 所示。

图 8.50 反向工程选项

图 8.51 反向设计产生的
数据模型

8.5 物理数据模型生成 DDL

　　数据建模工具的一项重要功能是将建立的数据模型进行部署,所谓部署是指生成具体的数据库管理系统下的数据库。或者变换成可以部署的 DDL 语句,然后在具体的数据库管理系统下,用 DDL 生成数据库。RSA 支持从物理数据模型生成针对目标数据库的 DDL,可以选择直接部署到数据库管理系统中或者只存储在一个 SQL 脚本文件中。

　　从数据模型生成 DDL 的步骤如下。

　　(1)在"数据项目资源管理器"视图中右键单击数据设计项目中的数据库对象或数据库对象下的某个模式,在弹出菜单中选择"生成 DDL",如图 8.52 所示。

　　(2)在弹出的"选项"页面中,选择希望 DDL 包含的模型元素,如"标准名称","CREATE 语句"、"DROP 语句"等,如图 8.53 所示。

　　(3)单击"下一步"按钮,在"对象"页面中,选择需要生成 DDL 的数据对象类型,如"模式"、"存储过程"、"函数"、"索引"等,如图 8.54 所示。

　　(4)单击"下一步"按钮,在"保存并运行 DDL"页面中设置保存 DDL 脚本的位置,以及是否在服务器上运行,如图 8.55 所示。

图 8.52 从右键菜单中选择"生成 DDL"

图 8.53 生成 DDL"选项"页面

图 8.54 生成 DDL"对象"页面

图 8.55 生成 DDL"保存并运行 DDL"页面

（5）不选择"在服务器上运行 DDL"，单击"下一步"按钮，出现"总结"页面，显示出对生成 DDL 设置的完整配置信息，如图 8.56 所示，确认无误后单击"完成"按钮。

图 8.56　生成 DDL"总结"页面

值得注意的是，如果在第（4）步选择了"在服务器上运行 DDL"，则必须先在数据库管理系统中新建一个空白数据库，并在 RSA 中创建数据库连接，连接到新建的空白数据库。

思考题

1. 什么是数据库建模？
2. 数据库建模有什么作用？

实训任务

1. 建立图书管理系统的物理数据模型。
2. 将实训任务 1 中所建立的物理数据模型转换为目标数据库。
3. 选择一个目标数据库，用逆向工程生成物理数据模型。

第**9**章

综合实训

知识目标
- 复习巩固已学习的知识。

技能目标
- 掌握在软件开发各阶段如何应用 UML 软件建模技术。

本章以"PiggyBank 在线银行"作为综合实训项目,帮助读者理解在软件开发过程中如何应用 UML 软件建模技术,复习巩固已学习的知识。软件开发工作也遵循"二八定律",在一个大的软件系统开发中,只要把握了少部分的工作,其他工作都可以同样地做好。因此,本章不包含综合实训项目的全部工作,只关注少部分的工作。读者应能举一反三,完成剩余的工作,直至完成整个软件项目的开发。

9.1 项目概览

软件开发项目一般是首先与用户进行初步的沟通,立项后才进行软件建模工作。建模的过程中仍然需要与用户进行深入的沟通,而模型是与用户沟通的有效工具。

9.1.1 项目描述

PiggyBank 在线银行是一个虚拟的网上银行,客户主要是个人和小企业。它使得客户可以通过互联网访问他们的银行账户,进行银行业务的处理。PiggyBank 有许多客户,每个客户有一个或多个账户。CityBank 是本地商业银行,客户主要是大的公司和其他银行。因为 PiggyBank 在 CityBank 开设了账户,PiggyBank 还与本地商业银行 CityBank 互连。

当客户在 PiggyBank 开户后,他们将收到包含用户名称和密码的账户信息,他们可以用用户名称和密码登录 PiggyBank 在线银行,进行银行业务处理,例如显示账户余额、转账等。

客户也可以到 PiggyBank 营业厅通过柜员完成银行业务,例如,支票兑现与托收、取款、转账等。在 PiggyBank 营业厅,银行柜员使用终端进行银行业务的操作。

9.1.2 创建 UML 项目

1. 创建 UML 项目

(1) 单击"窗口"→"打开透视图"→"其他"→"标准建模",打开标准建模透视图。

（2）单击"文件"→"新建"→"项目"→"UML 项目"，单击"下一步"按钮。

（3）输入项目名"PiggyBank"，单击"下一步"按钮。

（4）在类别列表中选择"需求"，在模板列表中选择"用例包"，单击"完成"按钮。

2．创建功能模块

为了创建用例图，必须首先识别功能模块，因为所有的用例都是与银行业务有关的，我们将功能模块称为 AccountOperations。

（1）在"项目资源管理器"中展开"用例模型"→"Use-case Building Blocks"，将包"＄{functional. area}"拖动到"用例模型"下。

（2）右击＄{functional. area}，然后单击"查找/替换"。

（3）在"查找/替换"对话框中输入"＄{functional. area}"，然后单击"替换"按钮。

（4）在"搜索并替换"对话框中输入"Account Operations"，然后单击"全部替换"按钮。

9.2   创建 PiggyBank 用例模型

创建用例模型时，必须首先收集和分析需求。可以采用与用户沟通、头脑风暴等方法收集需求。分析需求的目的是定义系统的功能领域需求，所谓功能领域需求是指为了满足客户定义的需求系统应具有的功能。这就是软件开发过程的需求分析阶段，这个阶段需要产生需求分析文档。通过建立用例模型，产生这些文档。

用例模型描述了系统的功能需求。用例模型包含用例图和活动图。

9.2.1   创建用例图

1．识别用例

（1）在"项目资源管理器"中，展开"Account Operations"包，双击"Account Operations Use Cases"图，打开用例图编辑器。

（2）在用例图编辑器中，右击注释，然后单击"从图中删除"。

（3）在选用板中，双击"用例"图标，输入"Display Balance"，然后调整用例到用例图编辑器的适当位置。

（4）在选用板，双击"用例"图标，输入"Transfer Money"，然后调整用例到用例图编辑器的适当位置。

（5）在选用板，双击"用例"图标，输入"Cash Check"，然后调整用例到用例图编辑器的适当位置。

2．识别参入者

（1）在"项目资源管理器"中，双击"Account Operations Use Cases"。

（2）在选用板中，双击"参入者"图标，并命名为"Customer"。

（3）将 Customer 参入者拖动到适当的位置。

（4）在选用板中，双击"参入者"图标，并命名为"Teller"。

（5）将 Teller 参入者拖动到适当的位置。

（6）在选用板中，双击"参入者"图标，并命名为"CityBank"。

（7）将 CityBank 参入者拖动到适当的位置。

3．创建 Account Operations 用例图

创建 Customer 参入者与用例的关系，步骤如下。

（1）在"项目资源管理器"中，展开"Account Operations"，双击"Account Operations Use Cases"。

（2）在选用板中选择单击"关联"图标。

（3）在用例图编辑器中，单击 Customer 参入者，拖动到 Display Balance 用例。

（4）在选用板中单击"关联"图标。

（5）在用例图编辑器中，单击 Customer 参入者，拖动到 Transfer Money 用例。

用相同的方法创建参入者 Teller、CityBank 与相关用例的关系，如图 9.1 所示。

图 9.1　Account Operations 用例图

9.2.2　创建活动图

1．创建 Display Balance 活动图

创建 Customer/Teller 活动分区，步骤如下。

（1）在"项目资源管理器"中，展开"Account Operations"，右击"Display Balance"用例；然后单击"添加图"→"活动图"。

（2）输入"Display Balance 活动图"，按回车键。

（3）在活动图编辑器中，在活动图编辑区右击，然后单击"添加 UML"→"分区"。

（4）在"项目资源管理器"中，单击"分区"，在"属性"的"常规"页中输入名称"Customer/ Teller"。

（5）在选用板中单击"初始"图标，命名为"Initial node"。

（6）在"活动图编辑器"中单击 Initial node，拖动到适当的位置。

（7）在选用板中单击"操作"图标，命名为"Customer/Teller selects Display balance from menu"。

（8）在"活动图编辑器"中单击新建的操作，拖动到适当的位置。

（9）在选用板中单击"流"图标。

（10）在"活动图编辑器"中单击 Initial node，拖动到 Customer/Teller selects Display balance from menu 操作，如图 9.2 所示。

用相同的方法创建 System 活动分区，如图 9.3 所示。

图 9.2　添加了 Customer/Teller
活动分区的活动图

图 9.3　Display Balance 活动图

2. 创建 Transfer Money 活动图

用同样的方法创建 Transfer Money 活动图，如图 9.4 所示。

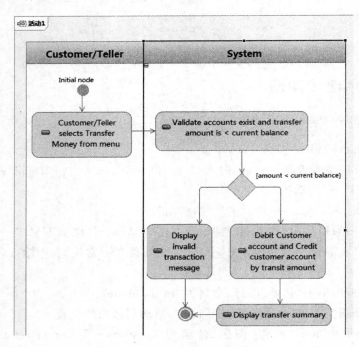

图 9.4　Transfer Money 活动图

3. 创建 Cash Check 活动图

用同样的方法创建 Cash Check 活动图,如图 9.5 所示。

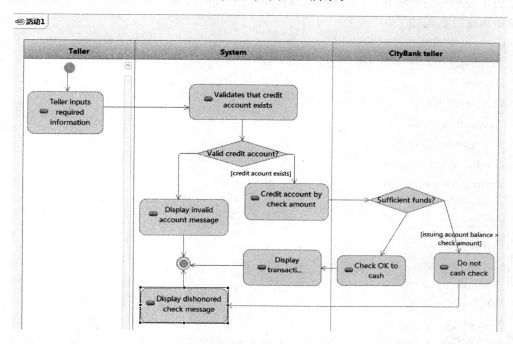

图 9.5 Cash Check 活动图

9.3 创建 PiggyBank 分析模型

需求分析完成后就进入系统分析阶段,系统分析阶段的任务是创建分析模型,进一步描述系统结构。

分析模型是系统的高层对象模型,描述了功能需求的逻辑实现。分析模型是建立在用例模型的基础上,并为设计模型的建立奠定基础。分析模型描述了系统的逻辑结构,但是不提供实现的信息。

分析模型由描述系统静态结构的领域模型、用例实现和时序图组成。

9.3.1 新建 PiggyBank 分析模型

创建 RUP 分析包的步骤如下。

(1) 在"项目资源管理器"中,右击 PiggyBank 项目,然后单击"新建"→"UML 模型"。

(2) 在"UML 模型"向导的"创建模型"对话框中,选择"标准模板",单击"下一步"按钮。

(3) 在"类别"列表框中选择"分析和设计"。

(4) 在"模板"列表框中选择"RUP 分析包"。

(5) 接受默认的文件名,单击"完成"按钮。

9.3.2 识别分析类

识别分析类的方法是，首先分析用例模型文档，列出出现的所有名词。PiggyBank 用例模型中出现的名词如下。

Customer

Account

Owner

Customer ID

Account number

Account balance

Credit account number

Debit account number

Amount

Check

Check reference

Check amount

Amount to credit

CityBank account

Transfer

然后剔除代表对象实例的名词、表示其他对象属性的名词、重复的或相关的对象名词、不很重要的对象名词，得到一个新的名词列表。对于复杂的系统，这个过程可能需要进行多次。直到得到满意的名词列表。PiggyBank 的最终名词列表如下。

Customer

Account

Check

Transfer

9.3.3 创建 PiggyBank 领域模型

1. 创建 PiggyBank 领域模型

（1）在"项目资源管理器"中，展开"RUP 分析模型"，展开"《ModelLibrary》Analysis Building Blocks"，右击"${functional. area}"包；然后单击"复制"。

（2）右击"RUP 分析模型"包，然后单击"粘贴"。

（3）右击粘贴的"${functional. area}"包，然后单击"查找/替换"。

（4）输入查找的内容：${functional. area}，单击"替换"按钮。

（5）输入替换的内容：Account Operations，单击"替换全部"按钮。

2. 增加 Display Balance，Transfer Money 和 Cash Check 用例实现

（1）在"项目资源管理器"中，展开"RUP 分析模型"→《ModelLibrary》Analysis Building

Blocks,右击包＄{use.case}；然后单击"复制"。

（2）右击包 Account Operations,然后单击"粘贴"。

（3）右击包＄{use.case}；然后单击"查找/替换"。

（4）输入要查找的内容：＄{use.case},单击"替换"按钮。

（5）输入替换后的内容：Display Balance,单击"全部替换"按钮。

（6）重复步骤（1）～（5）,增加 Transfer Money 和 Cash Check 用例实现,在步骤（5）分别执行下面的操作。

① 输入替换后的内容：Transfer Money,单击"全部替换"按钮。

② 输入替换后的内容：Cash Check,单击"全部替换"按钮。

3. 创建领域模型图

（1）在"项目资源管理器"中,展开"RUP 分析模型"→Account Operations →Account Operations Analysis Elements。

（2）双击 Account Operations Analysis Classes,在这个图中,增加类 Customer、Account、Transfer、Check,并建立相关类之间的使用关系,如图9.6所示。

图9.6　领域模型图

4. 创建领域模型概览图

（1）在"项目资源管理器"中,展开"RUP 分析模型"→"《透视图》Overviews",右击＄{project} Domain Model；然后单击"查找/替换"。

（2）输入要查找的内容：＄{project},单击"替换"按钮。

（3）输入替换后的内容：PiggyBank,单击"全部替换"按钮。

（4）双击 PiggyBank Domain Model 图。

（5）在"项目资源管理器"中,展开 Account Operations→Account Operations Analysis Elements。

（6）将 Customer、Account、Transfer、Check 拖动到 PiggyBank Domain Model 图。

9.3.4 创建 Account Operations 用例实现概览图

创建 Account Operations 用例实现概览图,步骤如下。

(1) 在"项目资源管理器"中,展开 AccountOperations 包,双击 Account Operations Analysis-Level Use Case Realizations 图。

(2) 展开"用例模型"→Account Operations。

(3) 选择 Display Balance 用例,将其拖动到 Account Operations Analysis-Level Use Case Realizations 图。

(4) 在"项目资源管理器"中,展开"RUP 分析模型"包→Account Operations,单击 Display Balance 实例,拖动到图编辑器中。

(5) 在选用板中选择"实现"。

(6) 在图编辑器中单击 Display Balance 实例,拖动到 Display Balance 用例。

(7) 重复步骤(1)~(5),增加 Transfer Money 和 Cash Check 用例实现到 Account Operations 概览图,替换第(3)步中的 Display Balance 用例和第(4)步中的 Display Balance 实例。

① 在第(3)步中选择 Transfer Money 用例和第(4)步中选择 Transfer Money 实例;

② 在第(3)步中选择 Cash Check 用例和第(4)步中选择 Cash Check 实例。

Account Operations 用例实现概览图如图 9.7 所示。

Account Operations Analysis Level Use-Case Realizations

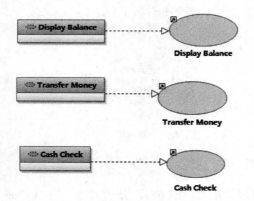

图 9.7   Account Operations 用例实现概览图

9.3.5 创建 Display Balance Participants 图

Display Balance Participants 图对 Display Balance 用例的静态结构建模,它显示了参入 Display Balance 用例的类,以便描述系统的领域。除了实体类以外,它还包含与主要实体类交互的边界类,以便实现系统的功能。

1. 创建 Display Balance Participants

（1）在"项目资源管理器"中，展开"RUP 分析模型"→Account Operations→Display Balance，双击 Display Balance Participants。

（2）在"项目资源管理器"中，展开 Account Operations Analysis Elements，单击 Account 类，将其拖动到图编辑器中。

2. 创建 DisplayBalanceForm Participants

（1）在选用板中双击"类"图标，将新建的类命名为"DisplayBalanceForm"。

（2）在图编辑器中，单击 DisplayBalanceForm 类，在其属性视图的"构造型"页中，单击"应用构造型"按钮。

（3）在"应用构造型"对话框中选择"边界"，单击"确定"按钮。

（4）在选用板中选择"实例化"图标。

（5）在图编辑器中连接 DisplayBalanceForm 类和 Account 类，箭头指向 Account 类。

（6）在图编辑器中，单击"实例化"模型元素，在其属性视图的"构造型"页中单击"取消应用构造型"按钮。

3. 创建 MenuForm Participant

（1）MenuForm Participant 是一个边界类，它是 PiggyBank 系统的主菜单。MenuForm Participant 与 DisplayBalanceForm Participant 交互。

（2）在选用板中双击"类"图标，将新建的类命名为"MenuForm"。

（3）在图编辑器中，单击 MenuForm 类，在其属性视图的"构造型"页中，单击"应用构造型"按钮。

（4）在"应用构造型"对话框中选择"边界"，单击"确定"按钮。

（5）在选用板中选择"实例化"图标。

（6）在图编辑器中连接 MenuForm 类和 DisplayBalanceForm 类，箭头指向 DisplayBalanceForm 类。

MenuForm Participant 的 Display Balance Participants 图，如图 9.8 所示。

图 9.8　Display Balance Participants 图

9.3.6　创建 Display Balance 时序图

1. 创建时序图和生命线

创建时序图和生命线的步骤如下。

（1）在"项目资源管理器"中，展开"RUP 分析模型"→Account Operations 包→Display Balance→Display Balance-Basic Flow，双击 Display Balance-Basic Flow 图。

（2）在"项目资源管理器"中，展开"用例模型"。

（3）选择 Account Operations 包，单击 Customer 参入者，将其拖到 Display Balance-Basic Flow 图编辑器中。

（4）在"项目资源管理器"中，展开"RUP 分析模型"→Account Operations 包，单击 MenuForm 类，将其拖到 Customer 生命线的右边。

（5）在"项目资源管理器"的 Account Operations 包中单击 DisplayBalanceForm 类，将其拖到 MenuForm 生命线的右边。

（6）在"项目资源管理器"的 Account Operations 包中，展开 Account Operations Analysis Elements 包，单击 Account 类，将其拖到 DisplayBalanceForm 生命线的右边。

2. 创建"select Display Balance"消息

（1）在选用板中单击"异步消息"图标。

（2）在图编辑器中，单击 Customer 生命线，拖动到 MenuForm 生命线。

（3）在"输入操作名称"窗口中，输入消息名称"select Display Balance"。

3. 创建"display"消息

（1）在选用板中单击"异步消息"图标。

（2）在图编辑器中，单击 MenuForm 生命线，拖动到 DisplayBalanceForm 生命线。

（3）在"输入操作名称"窗口中，输入消息名称"display"。

4. 创建"findForCustomer"消息

（1）在选用板中单击"异步消息"图标。

（2）在图编辑器中，单击 DisplayBalanceForm 生命线，拖动到 Account 生命线。

（3）在"输入操作名称"窗口中，输入消息名称"findForCustomer"。

5. 创建"循环组合片断"

（1）在选用板中"选项组合片断"下单击"循环组合片断"图标。

（2）在图编辑器中，单击 findForCustomer 消息下方，拖出一个覆盖 DisplayBalanceForm 生命线和 Account 生命线的矩形。

6. 创建"getBalance"消息

（1）在选用板中单击"异步消息"图标。

（2）在图编辑器中，在"循环组合片断"内部单击 DisplayBalanceForm 生命线，拖动到 Account 生命线。

（3）在弹出的窗口中，单击"新建操作"。

（4）在"输入操作名称"窗口中，输入消息名称"getBalance"。

建模结果如图 9.9 所示。

图 9.9　Display Balance 时序图

现在，已经完成了对 Display Balance 功能的静态和动态建模。如果打开 Display Balance Participants 图，将会看到它现在包含在时序图中创建的操作，如图 9.10 所示。

图 9.10　Display Balance Participants 图

9.3.7　创建 Transfer Money Participants 图

Transfer Money Participants 图对 Transfer Money 用例的静态结构建模，它显示了参入 Transfer Money 用例的类，以便描述系统的领域。除了实体类、边界类以外，它还包含 TransferMoneyControl 控制类，控制类表示业务规则和逻辑的实现。一个控制类表示与边界类交互的自包含的过程。

1. 在 Account Operations 包中创建 Transfer Money Participants 图

（1）在"项目资源管理器"中，展开"RUP 分析模型"→Account Operations→Transfer Money，双击 Transfer Money Participants 图。

（2）在"项目资源管理器"中，展开 AccountOperations Analysis Elements，单击 Account 类，将其拖动到图编辑器中。

（3）在"项目资源管理器"中，展开 AccountOperations Analysis Elements，单击 Transfer 类，将其拖动到图编辑器中。

（4）在"项目资源管理器"中，展开 AccountOperations，单击 MenuForm 类，将其拖动到图编辑器中。

2. 创建 TransferMoneyControl Participant

（1）在选用板中双击"类"图标，将新建的类命名为"TransferMoneyControl"。

（2）在图编辑器中，将 TransferMoneyControl 类调整到适当的地方。

（3）在图编辑器中，单击 TransferMoneyControl 类，在其属性视图的"构造型"页中，单击"应用构造型"按钮。

（4）在"应用构造型"对话框中选择"控制"，单击"确定"按钮。

3. 创建 TransferMoneySummaryForm Participant

TransferMoneySummaryForm 是一个边界类，当 Transfer Money 交易完成时，将显示一个结果表单。

（1）在选用板中双击"类"图标，将新建的类命名为"TransferMoneySummaryForm"。

（2）在图编辑器中，将 TransferMoneyControl 类调整到适当的地方。

（3）在图编辑器中，单击 TransferMoneySummaryForm 类，在其属性视图的"构造型"页中，单击"应用构造型"按钮。

（4）在"应用构造型"对话框中选择"边界"，单击"确定"按钮。

4. 创建 TransferMoneyForm Participant

TransferMoneyForm 是一个边界类，当用户在在线用户接口中单击 Transfer Money 时，将显示一个转账表单。

（1）在选用板中双击"类"图标，将新建的类命名为"TransferMoneyForm"。

（2）在图编辑器中，将 TransferMoneyForm 类调整到适当的地方。

（3）在图编辑器中，单击 TransferMoneyForm 类，在其属性视图的"构造型"页中，单击"应用构造型"按钮。

（4）在"应用构造型"对话框中选择"边界"，单击"确定"按钮。

已经创建了 Transfer Money 用例中的所有参入者，还需要创建类之间的关系。创建类之间关系的方法已经介绍过了，这里不再重复。最后得到的结果如图 9.11 所示。

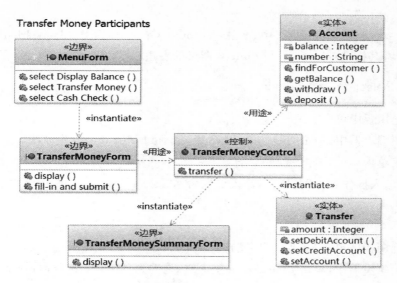

图 9.11 Transfer Money Participants 图

9.3.8 创建 Transfer Money 时序图

1. 创建时序图和生命线

（1）在"项目资源管理器"中，展开"RUP 分析模型"→Account Operations→Transfer Money→Transfer Money-Basic Flow，双击 Transfer Money-Basic Flow 图。

（2）在"项目资源管理器"中，展开 Account Operations 包中的"用例模型"，单击 Customer 参入者，将其拖动到图编辑器中。

（3）在"项目资源管理器"中，展开"RUP 分析模型"中的 Account Operations 包，单击 MenuForm 类，将其拖动到 Customer 生命线的右边。

（4）在"项目资源管理器"中，单击 Account Operations 包中的 TransferMoneyForm 类，将其拖动到 MenuForm 生命线的右边。

（5）在"项目资源管理器"中，单击 Account Operations 包中的 TransferMoneySummaryForm 类，将其拖动到 TransferMenuForm 生命线的右边。

（6）在"项目资源管理器"中，单击 AccountOperations 包中的 TransferMoneyControl 类，将其拖动到 TransferMoneySummaryForm 生命线的右边。

（7）在"项目资源管理器"中，单击 Account Operations Analysis Elements 包中的 Account，将其拖动到 TransferMoneyControl 生命线的右边。

（8）在"项目资源管理器"中，单击 Account 生命线，在其属性视图的常规页中，输入生命线名称为"debit"。

（9）在"项目资源管理器"中，单击 Account Operations Analysis Elements 包中的 Account 类，将其拖动到 debit：Account 生命线的右边。

（10）在"项目资源管理器"中，单击 Account 生命线，在其属性视图的常规页中，输入生命线名称为"credit"。

(11) 在"项目资源管理器"中,单击 Account Operations Analysis Elements 包中的 Transfer 类,将其拖动到 credit：Account 生命线的右边。

2. 创建"select Transfer Money"消息

(1) 在选用板中单击"异步消息"图标。

(2) 在图编辑器中,单击 Customer 生命线,拖动到 MenuForm 生命线。

(3) 在菜单窗口中,单击"新建操作"。

(4) 在"输入操作名称"窗口中,输入消息名称"select Transfer Money"。

3. 创建"display"消息

(1) 在选用板中单击"异步消息"图标。

(2) 在图编辑器中,单击 MenuForm 生命线,拖动到 TransferMoneyForm 生命线。

(3) 在"输入操作名称"窗口中,输入消息名称"display"。

4. 创建"fill-in and submit"消息

(1) 在选用板中单击"异步消息"图标。

(2) 在图编辑器中,单击 Customer 生命线,拖动到 TransferMoneyForm 生命线。

(3) 在菜单窗口中,单击"新建操作"。

(4) 在"输入操作名称"窗口中,输入消息名称"fill-in and submit"。

5. 创建"transfer"消息

(1) 在选用板中单击"异步消息"图标。

(2) 在图编辑器中,单击 TransferMoneyForm 生命线,拖动到 TransferMoneyControl 生命线。

(3) 在"输入操作名称"窗口中,输入消息名称"transfer"。

(4) 在"项目资源管理器"中找到 TransferMoneyControl 的操作 transfer,在其属性视图的参数页签为操作 transfer 增加参数 debit、credit、amount。

6. 创建"withdraw"消息

(1) 在选用板中单击"异步消息"图标。

(2) 在图编辑器中,单击 TransferMoneyControl 生命线,拖动到 debit：Account 生命线。

(3) 在"输入操作名称"窗口中,输入消息名称"withdraw"。

(4) 同样地,为操作 withdraw 增加参数 amount。

7. 创建"deposit"消息

(1) 在选用板中单击"异步消息"图标。

（2）在图编辑器中，单击 TransferMoneyControl 生命线，拖动到 credit：Account 生命线。

（3）在"输入操作名称"窗口中，输入消息名称"deposit"。

（4）同样地，为操作 deposit 增加参数 amount。

8. 创建"创建"消息

（1）在选用板中单击"创建消息"图标。

（2）在图编辑器中，单击 TransferMoneyControl 生命线，拖动到 Transfer 生命线。

9. 创建"setDebitAccount"消息

（1）在选用板中单击"异步消息"图标。

（2）在图编辑器中，单击 TransferMoneyControl 生命线，拖动到 Transfer 生命线。

（3）在菜单窗口中，单击"新建操作"。

（4）在"输入操作名称"窗口中，输入消息名称"setDebitAmount"。

（5）同样地，为操作 setDebitAmount 增加参数 debit。

10. 创建"setCreditAccount"消息

（1）在选用板中单击"异步消息"图标。

（2）在图编辑器中，单击 TransferMoneyControl 生命线，拖动到 Transfer 生命线。

（3）在菜单窗口中，单击"新建操作"。

（4）在"输入操作名称"窗口中，输入消息名称"setCreditAmount"。

（5）同样地，为操作 setCreditAmount 增加参数 credit。

11. 创建"setAmount"消息

（1）在选用板中单击"异步消息"图标。

（2）在图编辑器中，单击 TransferMoneyControl 生命线，拖动到 Transfer 生命线。

（3）在菜单窗口中，单击"新建操作"。

（4）在"输入操作名称"窗口中，输入消息名称"setAccount"。

（5）同样地，为操作 setAmount 增加参数 amount。

12. 创建"display"消息

（1）在选用板中单击"异步消息"图标。

（2）在图编辑器中，单击 TransferMoneyControl 生命线，拖动到 TransferMoneySummaryForm 生命线。

（3）在菜单窗口中，单击"新建操作"。

（4）在"输入操作名称"窗口中，输入消息名称"display"。

（5）同样地，为操作 display 增加参数 transfer。

结果如图 9.12 所示。

图 9.12   Transfer Money 时序图

现在,已经完成了对 Transfer Money 功能的静态和动态建模。如果打开 Transfer Money Participants 图,将会看到它现在包含在时序图中创建的操作,如图 9.13 所示。

Transfer Money Participants

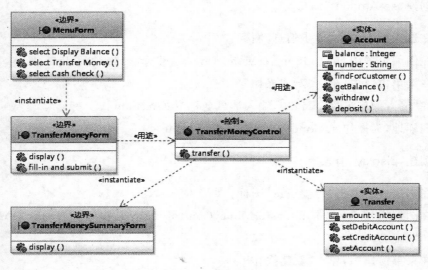

图 9.13   Transfer Money Participants 图

9.3.9 创建 Cash Check Participants 图

1. 在 Account Operations 包中创建 Cash Check Participants 图

Cash Check Participants 图对 Cash Check 用例的静态结构建模,它显示了参入 Cash Check 用例的类,以便描述系统的领域。

(1) 在"项目资源管理器"中,展开"RUP 分析模型"→Account Operations→Cash Check,双击 Cash Check Participants 图。

(2) 在"项目资源管理器"中,展开 Account Operations Analysis Elements,单击 Account 类,将其拖动到图编辑器中。

(3) 在"项目资源管理器"中,展开 Account Operations,单击 MenuForm 类,将其拖动到图编辑器中。

2. 创建 CashCheckControl Participant

(1) 在选用板中双击"类"图标,将新建的类命名为"CashCheckControl"。

(2) 在图编辑器中,将 CashCheckControl 类调整到适当的地方。

(3) 在图编辑器中,单击 CashCheckControl 类,在其属性视图的"构造型"页中,单击"应用构造型"按钮。

(4) 在"应用构造型"对话框中选择"控制",单击"确定"按钮。

3. 创建 CashCheckSummaryForm Participant

(1) 在选用板中双击"类"图标,将新建的类命名为"CashCheckSummaryForm"。

(2) 在图编辑器中,将 CashCheckSummaryForm 类调整到适当的地方。

(3) 在图编辑器中,单击 CashCheckSummaryForm 类,在其属性视图的"构造型"页中,单击"应用构造型"按钮。

(4) 在"应用构造型"对话框中选择"边界",单击"确定"按钮。

4. 创建 CashCheckForm Participant

(1) 在选用板中双击"类"图标,将新建的类命名为"CashCheckForm"。

(2) 在图编辑器中,将 CashCheckForm 类调整到适当的地方。

(3) 在图编辑器中,单击 CashCheckForm 类,在其属性视图的"构造型"页中,单击"应用构造型"按钮。

(4) 在"应用构造型"对话框中选择"边界",单击"确定"按钮。

5. 创建 CityBank Participant

(1) 在选用板中双击"类"图标,将新建的类命名为"CityBank"。

(2) 在图编辑器中,将 CityBank 类调整到适当的地方。

(3) 在图编辑器中,单击 CityBank 类,在其属性视图的"构造型"页中,单击"应用构造型"按钮。

（4）在"应用构造型"对话框中选择"边界"，单击"确定"按钮。

6. 创建 CashCheckControl Participant 关系

因为 CashCheckControl 是一个控制类，它是用例的中心，依赖于用例中的其他类。创建过程类似，如图 9.14 所示。

Cash Check Participants

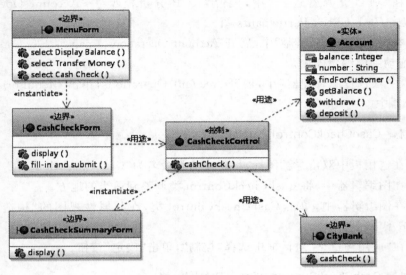

图 9.14　Cash Check Participants 图

9.3.10　创建 CashCheck 时序图

CashCheck 时序图如图 9.15 所示。

图 9.15　CashCheck 时序图

现在,已经完成了对 CashCheck 功能的静态和动态建模。如果打开 CashCheck Participants 图,将会看到它现在包含在时序图中创建的操作,如图 9.16 所示。

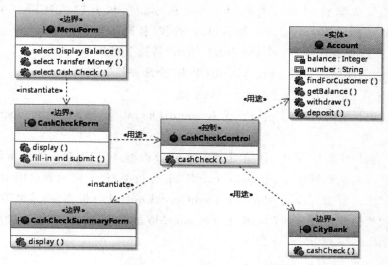

图 9.16 CashCheck Participants 图

9.3.11 PiggyBank 在线银行系统的分析类概览图

1. 创建 PiggyBank Key Controllers 图

PiggyBank Key Controllers 图对 PiggyBank 在线银行系统中的所有控制类进行描述。

（1）在"项目资源管理器"中,展开"RUP 分析模型"→"《透视图》Overviews",右击 "＄{project} Key Controllers";然后单击"查找/替换"。

（2）输入要查找的内容:＄{project},单击"替换"按钮。

（3）输入替换后的内容:PiggyBank,单击"全部替换"按钮。

（4）双击 PiggyBank Key Controllers 图

（5）在"项目资源管理器"中,展开 Account Operations。

（6）在"项目资源管理器"中,单击 CashCheckControl,将其拖动到图编辑器。

（7）在"项目资源管理器"中,单击 TransferMoneyControl,将其拖动到图编辑器。结果 如图 9.17 所示。

图 9.17 PiggyBank Key Controllers 图

2. 创建 PiggyBank Key Abstractions 图

PiggyBank Key Abstractions 图描述了 PiggyBank 在线银行系统关键功能。

(1)"项目资源管理器",展开"RUP 分析模型",展开"《透视图》Overviews",右击"＄｛project｝Key Abstractions";然后单击"查找/替换"。

(2)输入要查找的内容：＄｛project｝,单击"替换"按钮。

(3)输入替换后的内容：PiggyBank,单击"全部替换"按钮。

(4)双击 PiggyBank Key Abstractions 图。

(5)在"项目资源管理器"中,展开 Account Operations→Account Operations Analysis Elements。

(6)在"项目资源管理器"中,单击 Account 分析类,将其拖动到图编辑器。

(7)在"项目资源管理器"中,单击 CityBank 分析类,将其拖动到图编辑器。

(8)在"项目资源管理器"中,单击 CashCheckControl 分析类,将其拖动到图编辑器。

(9)在"项目资源管理器"中,单击 TransferMoneyControl,将其拖动到图编辑器。

结果如图 9.18 所示。

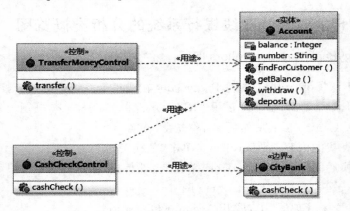

图 9.18   PiggyBank Key Abstractions 图

3. 创建 PiggyBank UI 图

PiggyBank UI 图描述了 PiggyBank 在线银行系统的主要用户接口。

(1)在"项目资源管理器"中,展开"RUP 分析模型"→"《透视图》Overviews",右击＄｛project｝UI;然后单击"查找/替换"按钮。

(2)输入要查找的内容：＄｛project｝,单击"替换"按钮。

(3)输入替换后的内容：PiggyBank,单击"全部替换"按钮。

(4)双击 PiggyBank UI 图。

(5)在"项目资源管理器"中,展开"Account Operations"→Account Operations Analysis Elements。

（6）在"项目资源管理器"中，单击下面的模型元素，将它们拖动到图编辑器中。

① TransferMoneyForm

② CashCheckSummaryForm

③ DisplayBalanceForm

④ CashCheckForm

⑤ TransferMoneySummaryForm

PiggyBank UI 图如图 9.19 所示。

图 9.19 PiggyBank UI 图

4. 创建 PiggyBankAnalysis Views 图

PiggyBankAnalysis Views 图是 PiggyBank 概览图的总览图，使用它可以看到所有 PiggyBank 概览图，并方便打开概览图。

（1）在"项目资源管理器"中，展开"RUP 分析模型"→"《透视图》Overviews"，右击 ${project} Analysis Views；然后单击"查找/替换"按钮。

（2）输入要查找的内容：${project}，单击"替换"按钮。

（3）输入替换后的内容：PiggyBank，单击"全部替换"按钮。

9.4 创建 PiggyBank 设计模型

设计模型建立在分析模型基础上，更详细地描述系统的结构和如何实现系统。对分析模型中识别的类进行细化获得设计类。可以用包图、状态图、组件图、部署图等描述如何实现系统。

9.4.1　新建 PiggyBank 设计模型

1. 创建设计模型的步骤

（1）在"项目资源管理器"中，右击 PiggyBank 项目；然后单击"新建"→"UML 模型"。

（2）在"UML 模型"向导中，接受默认的标准模板选择，单击"下一步"按钮。

（3）在类别列表框中选择"分析和设计"，在模板列表框中选择"企业 IT 设计包"。

（4）接受默认的文件名，单击"完成"按钮。

2. 重命名项目

（1）在"项目资源管理器"中，右击"企业 IT 设计模型"包；然后单击"查找/替换"。

（2）输入要查找的内容：＄｛project｝，单击"替换"按钮。

（3）输入替换后的内容：PiggyBank，单击"全部替换"按钮。

9.4.2　识别实现设计子包和创建包图

1. 创建 itso.ad.business，itso.ad.citybank，itso.ad.common 设计子包

创建子包的步骤如下。

（1）在"项目资源管理器"中，展开"企业 IT 设计模型"包→Design Building Blocks，右击＄｛functional.area.impldesign｝包，然后单击"复制"。

（2）右击 PiggyBank Implementation Designs，然后单击"粘贴"。

（3）展开 PiggyBank Implementation Designs，右击＄｛functional.area.impldesign｝，然后单击"查找/替换"。

（4）输入要查找的内容：＄｛functional.area.impldesign｝，单击"替换"按钮。

（5）输入替换后的内容：itso.ad.business，单击"全部替换"按钮。

① 重复步骤（1）～（5），替换后的内容改为：itso.ad.citybank，创建 itso.ad.citybank子包。

② 重复步骤（1）～（5），替换后的内容改为：itso.ad.common，创建 itso.ad.common子包。

2. 创建包图

（1）在"项目资源管理器"中，展开 PiggyBank Implementation Designs，双击 PiggyBank Implementation Design Packages 图。

（2）在图编辑器中右击图注释，然后单击"从图中删除"。

（3）在"项目资源管理器"中，单击 itso.ad.business，将其拖动到图编辑器。

（4）在"项目资源管理器"中，单击 itso.ad.citybank，将其拖动到图编辑器。

（5）在"项目资源管理器"中，单击 itso.ad.common，将其拖动到图编辑器。

9.4.3 创建 CityBank 集成设计层

1. 创建 CityBank 数据访问子包

（1）在"项目资源管理器"中，展开"企业 IT 设计模型"包→PiggyBank Implementation Designs→itso. ad. citybank，右击 control 子包；然后单击"重构"→"重命名"。

（2）命名该包为"dao"。

（3）在 dao 包，右击 itso. ad. citybank Control Layer Design Elements；然后单击"重构"→"重命名"。

（4）命名该图为 dao-Data Access Object for CityBank Web service。

2. 创建 CityBankDataAccessObject 类

（1）在"项目资源管理器"中，展开 PiggyBank Implementation Designs。

（2）在 itso. ad. citybank 包中，右击 itso. ad. citybank Design Elements 图；然后单击"重构"→"重命名"。

（3）命名该图为 DAO Design Elements。

（4）双击 DAO Design Elements 图。

（5）在图编辑器中，重命名图的标题为 DAO Design Elements。

（6）在选用板中，双击"类"图标，命名新建的类为 CityBankDataAccessObject。

（7）在图编辑器中，右击 CityBankDataAccessObject 类；然后单击"添加 UML"→"操作"，将操作命名为 checkCityBankAccount。

（8）在图编辑器中，单击 checkCityBankAccount 操作。

（9）在操作的属性视图中的常规页中，单击"设置返回类型"。

（10）在"选择类型的元素"窗口中，单击浏览页。

（11）展开 PiggyBank→模型→企业 IT 设计模型→UMLPrimitiveTypes。

（12）单击 Boolean，再单击"确定"按钮。

（13）在操作的属性视图参数页中，右击后单击"插入新的参数"，输入操作的输入参数 amount、checkReference。

3. 创建 CityBank Web Service 组件

（1）在"项目资源管理器"中，展开 PiggyBank Implementation Designs→itso. ad. citybank→dao，双击 dao-Data Access Object for CityBank Web service 图。

（2）在选用板中，双击"组件"图标，将新建的组件命名为"CityBank"。

（3）在图编辑器中，单击 CityBank 组件。

（4）在属性视图的构造型页中单击"应用构造型"按钮。

（5）在"应用构造型"窗口中，选择 Specification 和 Service 复选框，然后单击"确定"按钮。

（6）在选用板中双击"接口"图标，将新建的接口命名为 CityBank。

（7）在图编辑器中，右击 CityBank 接口；然后单击"添加 UML"→"操作"，将新建的操作命名为"validateCheck"。

（8）在图编辑器中，单击 validateCheck 操作。

（9）在属性视图的常规页中，单击"设置返回类型"。

（10）在"选择类型的元素"窗口中，单击浏览页。

（11）展开 PiggyBank→模型→企业 IT 设计模型→UMLPrimitiveTypes。

（12）单击 Boolean，再单击"确定"按钮。

（13）在属性视图的参数页，右击后单击"插入新的参数"，输入操作的输入参数 amount、checkReference。

（14）在选用板中，单击"接口实现"图标。

（15）在图编辑器中，单击 CityBank 组件拖动到 CityBank 接口。

结果如图 9.20 所示。

图 9.20　CityBank 集成设计层

9.4.4　创建业务设计层包结构

包 itso. ad. business 中包含 ejb，ejb. delegat 和 framework 子包。

（1）在"项目资源管理器"中，展开"企业 IT 设计模型"→PiggyBank Implementation Designs。

（2）在 itso. ad. business 子包中，删除 control、domain、presentation 和 resource 子包。

（3）在"项目资源管理器"中，双击 itso. ad. business Design Elements 图。

（4）在选用板中，双击"包"图标，将新建的包命名为"framework"。

（5）在选用板中，双击"包"图标，将新建的包命名为"delegate. ejb"。

（6）在选用板中，双击"包"图标，将新建的包命名为"ejb"。

（7）在选用板中，单击"相关性"。

（8）在图编辑器中，单击 delegate. ejb 包，拖动到 framework 包。

（9）在选用板中，单击"相关性"旁边的箭头，单击"用途"。

（10）在图编辑器中，单击 delegate. ejb 包，拖动到 ejb 包。

结果如图 9.21 所示。

itso.ad.business Design Elements

framework

framework分离了PiggyBank UI和持久化层

delegate.ejb 《用途》 ejb

持久化存储模型层

delegate.ejb实现了用于访问ejb层的framework

图 9.21 业务设计层包结构

9.4.5 创建 framework 组件层

1. 创建 ICustomerTO 接口的步骤

（1）在"项目资源管理器"中，展开"企业 IT 设计模型"→PiggyBank Implementation Designs。

（2）在包 itso. ad. business 中，右击 framework 包；然后单击"添加 UML"→"包"。

（3）将新建的包命名为"interfaces. to"。

（4）在"项目资源管理器"中，双击 Main 图，添加图标题"interfaces. to-Transfer Object 接口"。

（5）在选用板中，双击"接口"图标，将新建的接口命名为"ICustomerTO"。

（6）在图编辑器中，右击 ICustomerTO 接口；然后单击"添加 UML"→"操作"。

（7）将新建的操作命名为"getId"。

（8）在属性视图的常规页中，单击"设置返回类型"按钮。

（9）在"选择类型的元素"窗口中，单击 String。

（10）在图编辑器中，右击 ICustomerTO 接口；然后单击"添加 UML"→"操作"。

（11）将新建的操作命名为"getName"。

（12）在属性视图的常规页，单击"设置返回类型"按钮。

（13）在"选择类型的元素"窗口中，单击 String。

2. 创建 IAccountTO 接口

（1）在选用板中，双击"接口"图标，将新建的接口命名为"IAccountTO"。

（2）在图编辑器中，右击 IAccountTO 接口；然后单击"添加 UML"→"操作"。

（3）将新建的操作命名为"getBalance"。

（4）在属性视图的常规页中，单击"设置返回类型"按钮。

（5）在"选择类型的元素"窗口中，单击 Integer。

（6）在图编辑器中，右击 IAccountTO 接口；然后单击"添加 UML"→"操作"。

（7）将新建的操作命名为"getNumber."。

interfaces.to - Transfer Object Interfaces

（8）在属性视图的常规页中，单击"设置返回
类型"按钮。

（9）在"选择类型的元素"窗口中，单击
String。

结果如图 9.22 所示。

图 9.22　framework 组件层

3. 创建业务委托接口

业务委托接口描述了业务委托方法和生成业务委托实现的工厂组件。IPiggyBankBusinessDelegate 接口定义了与 PiggyBank 业务逻辑的接口。AbstractBusinessDelegateFactory 接口实例化 IPiggyBankBusinessDelegate。

1）创建 IPiggyBankBusinessDelegate 接口

（1）在"项目资源管理器"中，展开"企业 IT 设计模型"→PiggyBank Implementation Designs。

（2）在包 itso.ad.business 中，右击包 framework；然后单击"添加 UML"→"包"。

（3）将新建的包命名为"interface.delegates"。

（4）在"项目资源管理器"中，双击 Main 图增加图标题"interface.delegates-Delegate interfaces"。

（5）在选用板中，双击"接口"图标，将新建的接口命名为"IPiggyBankBusinessDelegate"。

2）创建 cashCheck 操作

（1）在图编辑器中，右击 IPiggyBankBusinessDelegate 接口；然后单击"添加 UML"→"操作"。

（2）将新建的操作命名为"cashCheck"。

（3）在属性视图的参数页中，右击后单击"插入新的参数"，插入三个参数。参数的名称分别是 accountToCredit, checkAmount, checkReference。类型分别是 String, Integer 和 String。

3）创建 getAccountByCustomer 操作

（1）在图编辑器中，右击 IPiggyBankBusinessDelegate 接口；然后单击"添加 UML"→"操作"。

（2）将新建的操作命名为"getAccountByCustomer"。

（3）在属性视图的参数页中，增加参数 customer，并设置其多重性为 1..＊。

（4）在常规页中，单击"设置返回类型"按钮。

（5）在"选择类型的元素"窗口中，单击浏览页，展开 itso.ad.business→framework，在

interface. to 包中,单击 IAccountTO。

（6）在常规页中,选择"已排序"复选框,取消选择"唯一"复选框。

4）创建 getBalance 操作

（1）在图编辑器中,右击 IPiggyBankBusinessDelegate 接口；单击"添加 UML"→"操作"。

（2）将新建的操作命名为"getBalance"。

（3）在属性视图的参数页中,添加类型为 String 的参数 accountNumber 和类型为 ICustomerTO 的参数 customer。

（4）在属性视图的常规页中,单击"设置返回类型"按钮。

（5）在"选择类型的元素"窗口中,单击 Integer。

5）创建 getCustomerById 操作

（1）在图编辑器中,右击 IPiggyBankBusinessDelegate 接口；单击"添加 UML"→"操作"。

（2）将新建的操作命名为"getCustomerById"。

（3）在属性视图的参数页中,添加类型为 String 的参数 customerId。

（4）在属性视图的常规页中,单击"设置返回类型"按钮。

（5）在"选择类型的元素"窗口中,单击浏览页,展开"企业 IT 设计模型"→PiggyBank Implementation Design→itso. ad. business→framework,在 interface. to 包中,单击 ICustomerTO。

6）创建 transfer 操作

（1）在图编辑器中,右击 IPiggyBankBusinessDelegate 接口,单击"添加 UML"→"操作"。

（2）将新建的操作命名为"transfer"。

（3）在属性视图的参数页中,添加 4 个参数,分别是：类型为 Integer 的参数 amountToTransfer、类型为 String 的参数 creditAccount、类型为 ICustomerTO 的参数 customer、类型为 String 的参数 debitAccount。

（4）在属性视图的常规页中,单击"设置返回类型"按钮。

（5）在"选择类型的元素"窗口中,单击 Boolean。

7）创建 AbstractBusinessDelegateFactory 接口

（1）在选用板中,双击"接口"图标,将新建的接口命名为"AbstractBusinessDelegate-Factory"。

（2）在图编辑器中,右击 AbstractBusinessDelegateFactory 接口,单击"添加 UML"→"操作"。

（3）将新建的操作命名为"createPiggyBankBusinessDelegate"。

（4）在属性视图的常规页中,单击"设置返回类型"按钮。

（5）在"选择类型的元素"窗口中,单击浏览页,展开"企业 IT 设计模型"→PiggyBank Implementation Design→itso. ad. business→framework,在 interface. delegates 包,单击 IPiggyBankBusinessDelegate,单击"确定"按钮。

结果如图 9.23 所示。

interfaces.delegates - Delegate Interfaces

图 9.23   AbstractBusinessDelegateFactory 和 IPiggyBankBusinessDelegate 接口

4. 创建业务委托工厂,BusinessDelegateFactory 类用于动态创建委托工厂实例

1) 创建   BusinessDelegateFactory 类

(1) 在"项目资源管理器"中,展开"企业 IT 设计模型"→PiggyBank Implementation Designs。

(2) 在包 itso. ad. business,右击包 framework;单击"添加 UML"→"包"。

(3) 将新建的包命名为"factory"。

(4) 在"项目资源管理器"中,双击图 Main,增加图标题"factory-Business Delegate Factory abstract implementation"。

(5) 在选用板中,双击"类"图标,将新建的类命名为"BusinessDelegateFactory"。

(6) 单击类 BusinessDelegateFactory。

(7) 在属性视图的常规页中,选择"抽象"复选框。

2) 创建 delegateFactory 属性

(1) 在图编辑器中,右击类 BusinessDelegateFactory;单击"添加 UML"→"属性"。

(2) 将新建的属性命名为"delegateFactory"。

(3) 单击属性 delegateFactory。

(4) 在属性视图的常规页中,单击"选择类型"按钮。

(5) 在"选择类型的元素"窗口中,单击浏览页,展开"企业 IT 设计模型"→PiggyBank Implementation Design→itso. ad. business→framework,在包 interface. delegates 中,单击 AbstractBusinessDelegateFactory。

(6) 在属性视图的常规页中,单击"静态"复选框。

3) 创建 getInstance 操作

(1) 在图编辑器中,右击类 BusinessDelegateFactory;单击"添加 UML"→"操作"。

(2) 将新建的操作命名为"getInstance"。

（3）单击 getInstance 操作。

（4）在属性视图的常规页中，单击"设置返回类型"。

（5）在"选择类型的元素"窗口中，单击浏览页，展开"企业 IT 设计模型"→PiggyBank Implementation Design→itso. ad. business→framework，在包 interfance. delegates 中，单击 AbstractBusinessDelegateFactory。

（6）在属性视图的常规页中，单击"静态"复选框。

4）创建 init 操作

（1）在图编辑器中，右击类 BusinessDelegateFactory；单击"添加 UML"→"操作"。

（2）将新建的操作命名为"init"。

（3）在属性视图的参数页中，添加类型为 String 的参数 factoryClassName。

（4）在属性视图的常规页中，单击"静态"复选框。

5）创建实现关系

（1）在"项目资源管理器"中，在包 interfance. delegate 中，单击接口 AbstractBusiness-DelegateFactory，将其拖动到图编辑器中。

（2）在选用板中，单击"实现"图标。

（3）在图编辑器中，单击类 BusinessDelegateFactory，拖动到类 AbstractBusinessDel-egateFactory。

结果如图 9.24 所示。

factory - Business Delegate Factory abstract implementation

图 9.24　业务委托工厂抽象实现

5. 创建 itso.ad.business framework exceptions

框架组件层包含两个异常实现：DataAccessException（业务层出错时抛出这个异常）和 ServiceException（服务失效时抛出这个异常）。

6. 创建类 DataAccessException 和 ServiceException

（1）在"项目资源管理器"中展开"企业 IT 设计模型"→PiggyBank Implementation Designs。

（2）在包 itso. ad. business 中右击包 framework；然后单击"添加 UML"→"包"。

（3）将新建的包命名为"exception"。

（4）在"项目资源管理器"中，双击图 Main，添加图标题"exception"。

（5）在选用板中，双击"类"图标，将新建的类命名为"DataAccessException"。

（6）在选用板中，双击"类"图标，将新建的类命名为"ServiceException"。

（7）在"项目资源管理器"中，单击包 factory 和 exception 将它们拖动到 itso. ad. business Design Elements 图中。

结果如图 9.25 所示。

图 9.25   itso. ad. business Design Elements 图

9.4.6   创建 EJB 组件子包

EJB 组件子包对 EJB 层建模，EJB 层包含对应用数据持久化的域模型，实现了 itso. ad. business 层的业务逻辑。

包 EJB 包含以下三个子包。

（1）Model 包：该包包含分析模型中定义的类 Customer 和 Account，这两个类对应用数据持久化。

（2）To：该包包含类 Customer 和 Account 实现的接口，这些接口从设计层提取信息。

（3）Façade：该包包含 PiggyBank 在线银行系统业务逻辑的实现。session façade 包含类 PiggyBankController。

我们将在 framework 中创建 Customer 和 Account EJB 类，IAccount 和 ICustomer 接口。Customer 和 Account EJB 用于持久化应用数据。

1. 创建 EJB customer

（1）在"项目资源管理器"中，展开"企业 IT 设计模型"→PiggyBank Implementation Designs。

（2）右击包 itso. ad. business. ejG；然后单击"添加 UML"→"包"。

（3）将新建的包命名为"model"。

（4）在"项目资源管理器"中，右击图 Main。

（5）在图编辑器中，添加图标题"model-Persistent Entity（EJB）Model"。

（6）在"选用板"中，双击"类"图标，将新建的类命名为"Customer"。

2．创建 Customer 类的参数

（1）在图编辑器中，右击类 Customer；然后单击"添加 UML"→"属性"。

（2）将新建的属性命名为 name。

（3）在属性视图中，单击"选择类型"按钮。

（4）在"选择类型的元素"窗口中，单击 String。

（5）为 Customer 类增加另一个 String 类型的属性 customerId。

（6）在图编辑器中，右击类 Customer；然后单击"添加 UML"→"操作"。

（7）将新建的操作命名为"getData"。

（8）在属性视图中，单击"设置返回类型"按钮。

（9）在"选择类型的元素"窗口中，展开 itso. ad. business→framework，在包 interfaces. to 中，单击 ICustomerTO。

结果如图 9.26 所示。

model - Persistent Entity (EJB) Model

3．创建 EJB Account

（1）在"选用板"中，右击"类"图标，将新建的类命名为"Account"。

（2）在图编辑器中，右击类 Account；然后单击"添加 UML"→"属性"。

图 9.26 增加了 Customer 类的持久化 EJB 模型

（3）将新建的属性命名为"balance"。

（4）在属性视图中，单击"选择类型"按钮。

（5）在"选择类型的元素"窗口中，单击 Integer。

（6）在图编辑器中，右击类 Account；然后单击"添加 UML"→"属性"。

（7）将新建的属性命名为"accountNumber"。

（8）在属性视图中，单击"选择类型"按钮。

（9）在"选择类型的元素"窗口中，单击 String。

（10）在图编辑器中，右击类 Account；然后单击"添加 UML"→"操作"。

（11）将新建的操作命名为"getData"。

（12）在属性视图中，单击"设置返回类型"按钮。

（13）在"选择类型的元素"窗口中，展开 itso. ad. business→framework，在包 interfaces. to 中，单击 IAccountTO。

（14）在"选用板"中，单击"关联"图标。

（15）在图编辑器中，单击类 Customer 拖动到类 Account。

（16）在图编辑器中，单击新建的关联。

（17）在属性视图中，设置 Accounts 多重性为（＊）。

（18）结果如图 9.27 所示。

图 9.27　增加了 Account 类的持久化 EJB 模型

4. 创建 PiggyBankEJBCustomerTO 类

（1）在"项目资源管理器"中，展开"企业 IT 设计模型"→PiggyBank Implementation Designs。

（2）右击包 itso. ad. business. ejG；然后单击"添加 UML"→"包"。

（3）将新建的包命名为"to"。

（4）在"项目资源管理器"中，双击图 Main。

（5）在图编辑器中，添加图标题"interfaces. to-Transfer Object Implementations"。

（6）在"选用板"中，双击"类"图标，将新建的类命名为"PiggyBankEJBCustomerTO"。

5. 创建类 PiggyBankEJBCustomerTO 的属性和操作

（1）在图编辑器中，右击类 PiggyBankEJBCustomerTO；然后单击"添加 UML"→"属性"。

（2）将新建的属性命名为"id"。

（3）在属性视图中，单击"选择类型"按钮。

（4）在"选择类型的元素"窗口中，单击 Integer。

（5）为类 PiggyBankEJBCustomerTO 增加类型为 String 的属性 name。

（6）在图编辑器中，右击类 PiggyBankEJBCustomerTO；然后单击"添加 UML"→"操作"。

（7）将新建的操作命名为"PiggyBankEJBCustomerTO"。

（8）在属性视图的参数页中，添加类型为 Integer 的参数 newId、类型为 String 的参数 newName。

6. 创建实现关系

（1）在"项目资源管理器"中，展开"企业 IT 设计模型"→PiggyBank Implementation Designs→itso. ad. business→framework。

（2）在包 interfaces. to 中，单击类 ICustomerTO，将其拖动到图编辑器。

（3）在"选用板"中，单击"实现"图标。

（4）在图编辑器中，单击类 PiggyBankEJBCustomerTO，拖动到接口 ICustomerTO。

结果如图 9.28 所示。

interfaces.to - Transfer Object Implementations

图 9.28 itso. ad. business. to

7．创建 PiggyBankEJBAccountTO 类

（1）在"选用板"中，双击"类"图标，将新建的类命名为"PiggyBankEJBAccountTO"。

（2）在图编辑器中，右击类 PiggyBankEJBAccountTO；然后单击"添加 UML"→"属性"。

（3）将新建的属性命名为"balance"。

（4）在属性视图中，单击"选择类型"按钮。

（5）在"选择类型的元素"窗口中，单击 Integer。

（6）为类 PiggyBankEJBAccountTO 添加另一个类型是 String 的属性 number。

（7）在图编辑器中，右击类 PiggyBankEJBAccountTO；然后单击"添加 UML"→"操作"。

（8）将新建的操作命名为"PiggyBankEJBAccountTO"。

（9）在属性视图的参数页中，添加类型是 String 的参数 newAccountNumber 和类型为 Integer 的参数 newBalance。

8．创建实现关系

（1）在"项目资源管理器"中，展开"企业 IT 设计模型"→PiggyBank Implementation Designs→itso. ad. business→framework。

（2）在包 interfaces. to 中，单击接口 IAccountTO，拖动到图编辑器中。

（3）在"选用板"中，单击"实现"图标。

（4）在图编辑器中，单击类 PiggyBankEJBAccountTO，拖动到接口 IAccountTO。
结果如图 9.29 所示。

9．创建 PiggyBankController 类

（1）在"项目资源管理器"中，展开"企业 IT 设计模型"→PiggyBank Implementation Designs。

（2）在包 itso. ad. business 中，右击包 ejb；然后单击"添加 UML"→"包"。

（3）将新建的包命名为"façade"。

interfaces.to - Transfer Object Implementations

图 9.29   itso. ad. business. to

（4）在"项目资源管理器"中，双击图 Main，添加图标题"facade-Session Facade（EJB Stateless Bean）on model"。

（5）在"选用板"中，双击"类"图标，将新建的类命名为"PiggyBankController"。

10. 创建操作 cashCheck

（1）在图编辑器中，右击类 PiggyBankController；然后单击"添加 UML"→"操作"。

（2）将新建的操作命名为"cashCheck"。

（3）在属性视图的参数页，添加参数 accountToCredit，将参数的类型设置为 String。

（4）在属性视图的参数页，添加参数 checkAmount，将参数的类型设置为 Integer。

（5）在属性视图的参数页，添加参数 checkReference，将参数的类型设置为 String。

11. 创建操作 getAccountByCustomerId

（1）在图编辑器中，右击类 PiggyBankController；然后单击"添加 UML"→"操作"。

（2）将新建的操作命名为"getAccountByCustomerId"。

（3）在属性视图的参数页，添加参数 customerId，将参数的类型设置为 String。

（4）在属性视图的常规页中，单击"设置返回类型"按钮。

（5）在"选择类型的元素"窗口中，展开 itso. ad. business→framework，在包 interfaces. to 中，单击 IAccountTO。

（6）在属性视图的常规页中，选择"已排序"和"唯一"复选框。

（7）设置返回参数的多重性为 1.. * 。

12. 创建操作 getBalance

（1）在图编辑器中，右击类 PiggyBankController；然后单击"添加 UML"→"操作"。

（2）将新建的操作命名为"getBalance"。

（3）在属性视图的参数页，添加参数 accountNumber，将参数的类型设置为 String。

（4）在属性视图的参数页，添加参数 customerId，将参数的类型设置为 String。

（5）在属性视图的常规页中，单击"设置返回类型"按钮。

（6）在"选择类型的元素"窗口中，单击 Integer。

13. 创建操作 getCustomerById

（1）在图编辑器中，右击类 PiggyBankController；然后单击"添加 UML"→"操作"。

（2）将新建的操作命名为"getCustomerById"。

（3）在属性视图的参数页，添加参数 customerId，将参数的类型设置为 String。

（4）在属性视图的常规页中，单击"设置返回类型"按钮。

（5）在"选择类型的元素"窗口中，展开 itso. ad. business→framework，在包 interfaces. to 中，单击 ICustomerTO。

14. 创建操作 transfer

（1）在图编辑器中，右击类 PiggyBankController；然后单击"添加 UML"→"操作"。

（2）将新建的操作命名为"transfer"。

（3）在属性视图的参数页，添加参数 amountToTransfer，将参数的类型设置为 Integer。

（4）在属性视图的参数页，添加参数 creditAccountNr，将参数的类型设置为 String。

（5）在属性视图的参数页，添加参数 customerId，将参数的类型设置为 String。

（6）在属性视图的参数页，添加参数 debitAccountNr，将参数的类型设置为 String。

结果如图 9.30 所示。

图 9.30　PiggyBankController 类

9.4.7　创建 EJB delegate 组件包

EJB delegate 组件包包含连接 EJB 组件层的业务委托，这个包中有以下两个类。

（1）PiggyBankEJBDelegateFactory：该工厂类创建 PiggyEJBDelegateImpl 类的实例。

（2）PiggyBankEJBDelegateImpl：该类包含业务委托的实现，是 EJB session façade 的包装类。

1. 在 EJB Implementation 图中创建业务委托实现

（1）在"项目资源管理器"中，展开包 delegate. ejb。

（2）双击图 Main。

（3）在图编辑器中，添加图标题"delegate. ejb-Business Delegate Implementation for EJB Implementation"。

2. 创建类 PiggyBankEJBDelegateImpl

（1）在选用板中，双击"类"图标，将新建的类命名为"PiggyBankEJBDelegateImpl"。

（2）在图编辑器中，右击类 PiggyBankEJBDelegateImpl；然后单击"添加 UML"→"属性"。

（3）将新建属性命名为"PIGGY_BANK_CONTROLLER_EJB_REF"。

（4）在属性视图，单击"选择类型"按钮。

（5）在选择类型窗口，选择 String。

（6）在属性视图的常规页中，选择"静态"复选框。

（7）在图编辑器中，右击类 PiggyBankEJBDelegateImpl；然后单击"添加 UML"→"属性"。

（8）将新建属性命名为"piggyBankController"。

（9）在属性视图，单击"选择类型"按钮。

（10）在选择类型窗口，展开 itso. ad. business→ejb→façade，单击 PiggyBankController，单击"确定"按钮。

（11）在图编辑器中，右击 PiggyBankEJBDelegateImpl；然后单击"添加 UML"→"操作"。

（12）将新建操作命名为"PiggyBankEJBDelegateImpl"。

结果如图 9.31 所示。

delegate.ejb - Business Delegate Implementation for EJB Implementation

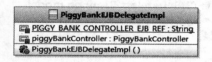

图 9.31　EJB delegate 组件包中的 PiggyBankEJBDelegateImpl 类

3. 创建类 PiggyBankEJBDelegateFactory

（1）在选用板中，双击"类"图标，将新建的类命名为"PiggyBankEJBDelegateFactory"。

（2）在图编辑器中，右击类 PiggyBankEJBDelegateFactory；然后单击"添加 UML"→"属性"。

（3）将新建属性命名为"piggyBankDelegateImpl"。

（4）在属性视图，单击"选择类型"按钮。

（5）在选择类型窗口，展开 itso. ad. business→delegate. ejb，单击 PiggyBankEJBDelegateImpl，单击"确定"按钮。

（6）在属性视图的常规页中，选择"静态"复选框。

（7）在图编辑器中，右击类 PiggyBankEJBDelegateFactory；然后单击"添加 UML"→"操作"。

（8）将新建操作命名为"PiggyBankEJBDelegateFactory"。

4. 创建关系

（1）在"项目资源管理器"中，展开 itso. ad. business→framework。

（2）在包 factory 中，单击类 BusinessDelegateFactory，拖动到图编辑器中适当的位置。

（3）在"项目资源管理器"中，在包 interfaces. delegates 中，单击接口 AbstractBusiness-DelegateFactory，拖动到图编辑器中适当的位置。

（4）在"项目资源管理器"中，在包 interfaces. delegates 中，单击接口 IPiggyBankBusi-nessDelegate，拖动到图编辑器中适当的位置。

（5）在选用板中，单击"实现"图标。

（6）在图编辑器中，单击类 PiggyBankEJBDelegateImpl，拖动到接口 IPiggyBankBusi-nessDelegate。

（7）在选用板中，单击"实现"图标。

（8）在图编辑器中，单击类 BusinessDelegateFactory，拖动到接口 AbstractBusiness-DelegateFactory。

（9）在选用板中，单击"泛化"图标。

（10）在图编辑器中，单击类 PiggyBankEJBDelegateFactory，拖动到类 BusinessDel-egateFactory。

结果如图 9.32 所示。

图 9.32　EJB delegate 组件包

9.4.8　对设计模型应用概要文件

对 UML 模型应用概要文件的目的是为了定义变换的输出。可以使用 EJB 变换概要文件指定 PiggyBank 设计模型中哪些元素将被转换为企业 Bean。EJB 变换概要文件定义了 EJB 变换用于生成企业 Bean 的构造型。例如，当对模型中的类应用《实体》构造型时，变换将从这个类生成实体 Bean。

为了生成企业 Bean，对 PiggyBank 设计模型中的子包 itso. ad. business 应用 EJB 概要文件。然后对该模型中的元素应用该概要文件中的构造型。

1. 将 EJB 概要文件应用于包 ejb

（1）在"项目资源管理器"中，展开"企业 IT 设计模型"→PiggyBank Implementation Designs，在包 itso. ad. business 中单击 ejb。

（2）在"属性"视图的"概要文件"中，单击"添加概要文件"按钮。

（3）在"选择概要文件"窗口，在"部署的概要文件"下方的下拉框中，单击箭头选择概要文件。为了使用 EJB 3.0 变换，需要选择 EJB 3.0 变换和 Java 持久性 API 变换。

2．对类 Customer 和 Account 应用构造型

（1）在"项目资源管理器"中，展开"企业 IT 设计模型"→PiggyBank Implementation Designs→itso. ad. business→ejb，在包 model 中单击类 Account。

（2）在"属性"视图的"构造型"页中，单击"应用构造型"按钮。

（3）在"应用构造型"窗口，选择"实体"。

（4）在"项目资源管理器"中，单击类 Customer。

（5）在"属性"视图的"构造型"页中，单击"应用构造型"按钮。

（6）在"应用构造型"窗口，选择"实体"。

3．对属性 accountNumber 和 customerId 应用构造型

（1）在"项目资源管理器"中，展开"企业 IT 设计模型"→PiggyBank Implementation Designs→itso. ad. business→ejb→model。

（2）单击类 Account 的属性 accountNumber。

（3）在"属性"视图的"构造型"页中，单击"应用构造型"按钮。

（4）在"应用构造型"窗口，选择"标识"复选框。

（5）在"项目资源管理器"中，单击类 Customer 的属性 customerId。

（6）在"属性"视图的"构造型"页中，单击"应用构造型"按钮。

（7）在"应用构造型"窗口，选择"标识"复选框。

对属性 accountNumber 和 customerId 应用构造型"标识"后，当进行模型变换时，这些属性将存储 Bean 的 ID。

4．对类 PiggyBankController 应用构造型

（1）在"项目资源管理器"中，展开"企业 IT 设计模型"→PiggyBank Implementation Designs→itso. ad. business→ejb，在包 facade 中，单击类 PiggyBankController。

（2）在"属性"视图的"构造型"页中，单击"应用构造型"按钮。

（3）在"应用构造型"窗口，使用"EJB 3.0 变换"，选择"无状态"。

现在已经完成了 PiggyBank 设计模型的业务层和集成层的建模。值得注意的是，我们没有对 common 设计层建模，这是因为 common 设计层只包含一些实用类。

实训任务

参考下面的描述对"移动办公微应用"进行建模。

1．项目概览

无论是央企、国企，还是私企，移动办公越来越受到企业领导和管理人员的重视，因为它

不仅给用户提供便捷,而且大大提高了工作效率。

1）项目描述

用户要求开发一个"移动办公微应用",通过与用户的初步沟通,了解到用户要求"移动办公微应用"实现如下功能。

（1）显示公告：①提供公司及时信息,可以列表的形式展现也可其他；②进入某个公告后展现公告信息；③区分已读未读。

（2）签到功能：根据当前手机的位置来签到并提交。

（3）审批功能：流程审批,流程的类型包括请假、出差、报销。要求提交审批项后,可有地方查看本人提交的信息（包含已审批和未审批）,有地方查看本人待审批和已审批的信息。

（4）预约会议室：①显示所有会议室基本信息（含位置,楼层,会议室名称,可容纳人数,是否支持 WiFi,是否有投影等软硬件信息）；②预约会议室（选择日期,时间段,议题等）,提交后提示预约成功与否；③显示所有已成功预约过会议室的信息（含时间,日期,议题和状态（未开始,进行中,已结束））。

除了功能需求外,用户还要求在 Android 和 iOS 的移动设备上有优秀的用户体验和功能设计。

软件开发项目组接受了"移动办公微应用"开发任务后,为了更好地与用户沟通,更明确地了解用户的需求,并获得用户对需求的确认。决定采用 UML 软件建模技术,在"移动办公微应用"软件开发过程中对分析、设计建模。为此,需要首先在 IBM RSA 中创建模型项目。

2）创建项目

（1）单击"文件"→"新建"→"模型项目"菜单项,在弹出的"模型项目"窗口中输入项目名称"OAAPP",如图 9.33 所示。

图 9.33 "模型项目"向导对话框之输入项目名称

单击"下一步"按钮。

(2) 创建项目中的模型,是选择"空白用例包"还是"用例包"模板呢?"空白用例包"模板用于创建新的空白用例 UML 包,本模板仅启用了最适合用例建模的 UML 工具,包括用例图的工具。"用例包"模板遵循 Rational UML 建模产品的"模型结构指南"来创建新的 UML 用例模型,本模板仅启用了最适合用例建模的 UML 工具,包括用例图的工具。

(3) 选择"类别"→"需求"中的"空白用例包"模板,在"文件名"文本框中输入用例包,如图 9.34 所示。

图 9.34　"模型项目"向导之选择模板

(4) 单击"下一步"按钮。可以有更多的选择。直到最后,单击"完成"按钮。也可以跳过这些选择,直接单击"完成"按钮,结果如图 9.35 所示。

(5) 选择"需求类别"中的"用例包"模板,在"文件名"文本框中输入"用例模型",如图 9.36 所示。

图 9.35 创建了一个模型项目后的界面之一

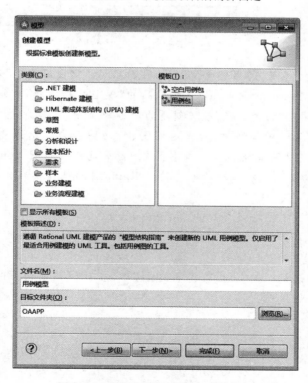

图 9.36 "模型项目"向导之选择模板

　　（6）单击"下一步"按钮。可以有更多的选择。直到最后，单击"完成"按钮。也可以跳过这些选择，直接单击"完成"按钮。结果如图 9.37 所示。

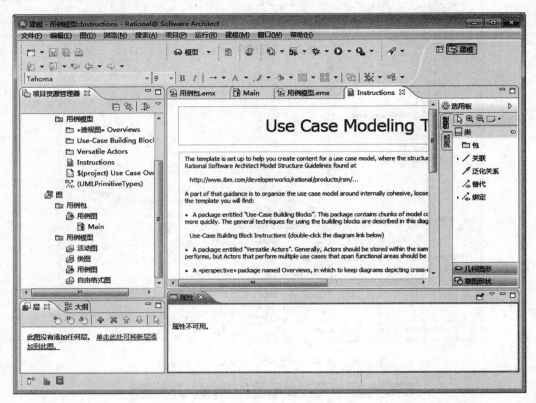

图 9.37　创建了一个模型项目后的界面之二

　　注："空白用例包"模板与"用例包"模板的区别在于，"空白用例包"是一般的用例模型，而"用例包"模板是遵循 Rational UML 建模产品的"模型结构指南"来创建新的 UML 用例模型。换句话说，在用"空白用例包"模板创建的用例模型中，一般来说只能包含用例图，而在"用例包"模板创建的用例模型中，包含用例图、活动图和自由格式图。还可以说"用例包"模板是 Rational 提供的最佳实践。本书第 4～6 章就是按照 Rational 的最佳实践讲解软件开发过程中的建模的。本章后续也将按照 Rational 的最佳实践完成综合实训项目的建模。

2．用例模型

1）用例图的创建

　　创建用例图的方法是：在"项目资源管理器"中，展开模型项目下的模型，右击用例模型，单击"添加图"→"用例图"。

（1）识别参入者。

通过分析，识别"移动办公微应用"的参入者如下。

① 员工

② 部门经理

③ 人力资源经理

④ 财务经理

⑤ 总经理

⑥ 公告发布者

⑦ 公告阅读者

⑧ 考勤员

⑨ 审批发起者

⑩ 审批核准者

⑪ 会议室预订者

⑫ 系统管理员

（2）识别用例。

"移动办公微应用"的主要用例如下。

① 发布公告

② 阅读公告

③ 签到

④ 统计考勤

⑤ 发起审批

⑥ 核准审批

⑦ 预订会议室

（3）在 Actors Overview 中画出系统的参入者及参入者之间的关系，如图 9.38 所示。

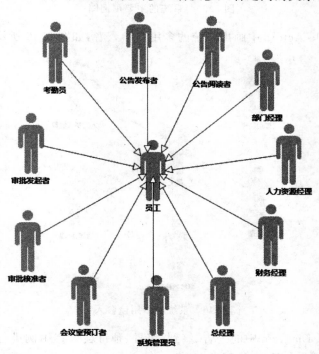

图 9.38　参入者及参入者之间的关系

（4）在 Context Diagram 中画出系统的主要用例图，如图 9.39 所示。

图 9.39　系统的主要用例图

（5）在 Versatile Actors 中画出系统的多用途参入者，如图 9.40 所示。

图 9.40　系统的多用途参入者

（6）对 Context Diagram 中的公告、签到、审批、预订会议室用例进行细化，分别画出相应的用例图，如图 9.41～图 9.44 所示。

图 9.41 公告用例图

图 9.42 签到用例图

图 9.43 审批用例图

2）活动图的创建

创建活动图的方法是：在"项目资源管理器"中，展开模型项目下的模型，右击用例模型，单击"添加图"→"活动图"。

（1）发起审批用例对应的活动图如图 9.45 所示。

（2）核准审批事项用例对应的活动图如图 9.46 所示。

图 9.44 会议室预订用例图

图 9.45 发起审批活动图   图 9.46 核准审批事项活动图

3. 分析模型

1) 分析模型的创建

在"项目资源管理器"中,右击模型项目下的模型,单击"创建模型"。弹出"模型"窗口,单击"下一步"按钮,选择"分析和设计"类别下的"RUP 分析包"。在"文件名"文本框中输入"分析模型",如图 9.47 所示。

图 9.47 创建分析模型

然后单击"完成"按钮。

这样创建的分析模型中,可以增加类图、用例图、活动图、时序图和自由格式图。

2) 类图的创建

分析模型中创建的类图是分析类,IBM Rational 的最佳实践将分析类分成了三类:边界类、控制类和实体类,它们与"模型-视图-控制"(Model-View-Control,MVC)一致。以下以会议室预订功能块为例,创建类图,其他功能模块的类图留给读者自己完成。

(1) 在"项目资源管理器中"中展开分析模型,右击 ${functional. area}包,单击"查找/替换",在"查找/替换"对话框中输入" ${functional. area}",如图 9.48 所示。

图 9.48　"查找/替换"对话框

（2）单击"替换"按钮，在"替换为"文本框中输入"会议室预订"，单击"全部替换"按钮，然后单击"是"按钮，如图 9.49 所示。

图 9.49　"搜索并替换"对话框

（3）在"项目资源管理器"中，按住 Ctrl 键，将 Analysis Building Blocks 包下的"《控制 ${control}》""《实体 ${entity}》""《边界 ${boundary}》"拖动到"会议室预订"包下。

（4）双击"会议室预订 Analysis Classes"，按住 Ctrl 键，将"会议室预订"包下的"《控制 ${control}》""《实体 ${entity}》""《边界 ${boundary}》"拖动到"会议室预订 Analysis Classes"编辑区，用与步骤（2）相同的方法，将"${control}""${entity}"和"${boundary}"分别替换为"会议室列表控制""会议室""会议室列表"，如图 9.50 所示。

（5）在"项目资源管理器"中复制"《边界》会议室列表""《实体》会议室"和"《控制》会议室列表控制"，然后按住 Ctrl 键，拖动到"会议室预订 Analysis Classes"编辑区，再用"查找/替换"，可以在"会议室预订 Analysis Classes"编辑区增加其他边界类、控制类和实体类，选择"选用板"中的关联，建立类与类之间的关系，如图 9.51 所示。

图 9.50 会议室预订 Analysis Elements

图 9.51 会议室预订 Analysis Elements

注记：也可以选择"选用板"中的类，将它拖动到"会议室预订 Analysis Classes"编辑区，输入类的名称，修改类的构造型，增加新的分析类。

3）时序图的创建

（1）在"项目资源管理器"中，按住 Ctrl 键，将 Analysis Building Blocks 包下的"＄｛use.case｝"拖动到"会议室预订"包下。

（2）右击"会议室预订"包下的"＄｛use.case｝"包，将"＄｛use.case｝"替换为"会议室列表"。

（3）双击"会议室列表 Participants"，将"会议室列表"、"会议室控制"和"会议室"三个分析类拖动到"会议室列表 Participants"编辑区。

（4）双击"会议室列表-Basic Flow"打开其编辑区。在"选用板"中选定"生命线"，拖动到编辑区。在弹出的菜单中选择"创建参入者"，在"分类器名称"文本框中输入"用户"。

（5）将"会议室预订"包下的"《边界》会议室列表""《实体》会议室"和"《控制》会议室列表控制"拖动到"会议室列表-Basic Flow"编辑区，如图9.52所示。

图9.52   会议室列表-Basic Flow

（6）在"选用板"中选择"同步消息"，连接相应的生命线，输入操作的名称，如图9.53所示。

图9.53   会议室列表-Basic Flow

（7）重复步骤（1）～（6），创建会议室预订子包。

4．设计模型

1）设计模型的创建

（1）在"项目资源管理器"中，右击模型项目下的模型，单击"创建模型"，弹出"模型"窗口，单击"下一步"按钮，选择"分析和设计"类别下的"空白设计包"。在"文件名"文本框中输入设计模型，如图9.54所示。

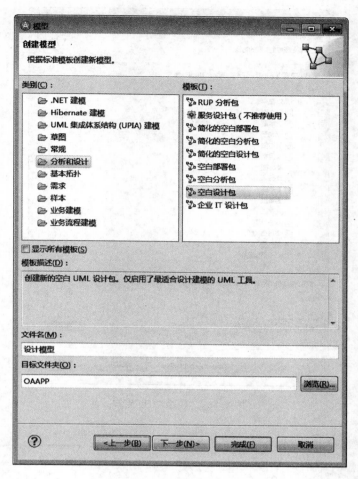

图 9.54 "模型"窗口

(2) 单击"下一步"按钮,再单击"下一步"按钮,在"模型功能"窗口中选择要与新模型关联的功能,展开"UML 图来构建块",并勾选"部署图"、"状态机图"和"结构图",同时勾选"UML 元素构建块",如图 9.55 所示。

(3) 然后单击"完成"按钮。

这样创建的设计模型中,可以增加部署图、结构图、类图、时序图、状态机图、组件图和自由格式图。

2) 组合结构图的创建

(1) 右击"设计模型",单击"添加图"→"组合结构图"。将新建的组合结构图名改为"会议室组合结构图"。

(2) 双击新建的"会议室组合结构图"打开"会议室组合结构图"编辑区,在"选用板"中选择适当的 UML 元素,画出会议室组合结构图,如图 9.56 所示。

3) 状态图的创建

(1) 右击"设计模型",单击"添加图"→"状态机图"。将新建的状态机名改为"会议室状态",状态机图名改为"会议室状态图"。

图 9.55　"模型功能"窗口

图 9.56　会议室组合结构图

　　（2）双击"会议室状态图"打开"会议室状态图"编辑区，在"选用板"中选择状态、转移、选项点等 UML 元素，画出会议室状态图，如图 9.57 所示。

　　4）组件图的创建

　　（1）右击"设计模型"，单击"添加图"→"组件图"。将新建的组件图名改为"移动办公微应用组件图"。

图 9.57 会议室状态图

（2）双击"移动办公微应用组件图"打开"移动办公微应用组件图"编辑区，在"选用板"中选择组件、接口等 UML 元素，画出"移动办公微应用组件图"，如图 9.58 所示。

图 9.58 移动办公微应用组件图

5）部署图的创建

（1）右击"设计模型"，单击"添加图"→"部署图"。将新建部署图名改为"移动办公微应用部署图"。

（2）双击"移动办公微应用部署图"打开"移动办公微应用部署图"编辑区，在"选用板"中选择节点、设备、通信路径、用途等 UML 元素，画出"移动办公微应用部署图"，如图 9.59 所示。

图 9.59　移动办公微应用部署图

参 考 文 献

［1］ 谢星星等. UML 统一建模教程与实验指导. 北京：清华大学出版社，2013.

［2］ 王爱国，陈辉林. UML 基础与建模实践. 北京：清华大学出版社，2012.

［3］ 曹静等. 软件建模技术. 北京：中国水利水电出版社，2011.

［4］ Terry Quatrani，Jim Palistrant. Visual Modeling with IBM® Rational® Software Architect and UMLT：developerWorks® Series. IBM Press，2006.

［5］ Howard Podeswa. UML for the IT Business Analyst. Canada Thomson Course Technology PTR. 2008.

［6］ IBM Rational Architecture Management software model structure guidelines，http：//www. ibm. com/developerworks/rational/library/04/r-3155/♯download.

［7］ Peter Swithinbank etc. Patterns：Model-Driven Development Using IBM Rational Software Architect. http：//www. redbooks. ibm. com/.

图 书 资 源 支 持

感谢您一直以来对清华版图书的支持和爱护。为了配合本书的使用,本书提供配套的资源,有需求的读者请扫描下方的"书圈"微信公众号二维码,在图书专区下载,也可以拨打电话或发送电子邮件咨询。

如果您在使用本书的过程中遇到了什么问题,或者有相关图书出版计划,也请您发邮件告诉我们,以便我们更好地为您服务。

我们的联系方式:

地　　址:北京海淀区双清路学研大厦 A 座 707

邮　　编:100084

电　　话:010－62770175－4604

资源下载:http://www.tup.com.cn

电子邮件:weijj@tup.tsinghua.edu.cn

QQ:883604(请写明您的单位和姓名)

用微信扫一扫右边的二维码,即可关注清华大学出版社公众号"书圈"。

资源下载、样书申请

书 圈